聪明人都下笨功夫 愚蠢人只想走捷径

夏文芳——著

中国友谊出版公司

图书在版编目（CIP）数据

聪明人都下笨功夫　愚蠢人只想走捷径 / 夏文芳著
. -- 北京：中国友谊出版公司，2020.2
ISBN 978-7-5057-3781-5

Ⅰ. ①聪… Ⅱ. ①夏… Ⅲ. ①成功心理－通俗读物
Ⅳ. ①B848.4-49

中国版本图书馆CIP数据核字（2019）第301556号

书名　**聪明人都下笨功夫　愚蠢人只想走捷径**
作者　夏文芳
出版　中国友谊出版公司
发行　中国友谊出版公司
经销　北京时代华语国际传媒股份有限公司　010-83670231
印刷　阳谷毕升印务有限公司
规格　710×1000 毫米　16 开
　　　　16 印张　200 千字
版次　2020 年 2 月第 1 版
印次　2020 年 2 月第 1 次印刷
书号　ISBN 978-7-5057-3781-5
定价　49.80 元
地址　北京市朝阳区西坝河南里 17 号楼
邮编　100028
电话　（010）64678009

目 录

CONTENTS

01 聪明没有护城河

成功，往往就是聪明人花了笨功夫。

仅仅靠聪明，江郎迟早才尽。只有刻意练习，不断创新，打造出娴熟的独门手艺，才有可能立于不败。

你能看到的“成功”，其实都只是结果和表象，背后必定都有一种“笨功夫”在支撑。每个人都应该用汗水去解决问题，否则，等待你的，往往就是泪水。

02 一个人真正的成长是精神的成长

真正拉开人与人之间距离的，不是才华，不是机遇，而是思维力和自控力。

有很多的人生道理，越早明白越好；有很多的事与愿违，都是命运的另有安排。一个人只有“三观”正，在浮躁的社会也有清凉相伴；一个人只有不断实现精神成长，自我精进，实现高段位，才能收获更多的选择权。

成长，就要长成自己喜欢的样子。

03 一味追求情商，是因为智商不在线

对一个想成为高手的人来说，情商和智商缺一不可。

遗憾的人，现在很多年轻人一味追求沟通术，揣摩他人心理，搞公关，却忽视了自身能力的建设。那些一有机会就拼命加微信的人，充其量只是多保存了一个联系方式；而那些整天逢迎拍马的人，往往是对别人用力太多，对自己用心太少，或许就是智商不在线。

不是你的东西你别碰，不是你的圈子你别进。真正决定你人生高度的，只能是你自身的实力。

04 真正厉害的人，都很靠谱

所谓人靠谱，就是他做到了“凡事有交代、件件有着落、事事有回音”。

靠谱正成为一个人社会生存的首要优点。他能在协作中完成闭环，不让合作者担心出现“意外”。与聪明人聊天，与靠谱人共事，与高情商者谈恋爱，与灵魂有趣者同行，会给人带来满满的幸福感。

判断一个人厉害不厉害，靠谱不靠谱，另一个表述就是，看他能否不给别人和自己增加麻烦。

05 感恩生命中的那些障碍

一个人对待对手的态度，就暴露了他的格局。

大格局者，不会永远想着自己，而是把别人也装在心里，也不会人云亦云，更不会因为害怕被击败而选择诋毁对手。

哈佛大学教授约翰·科特认为，那些反对你的人，有可能才是真正最大限度帮助你的人。

01

聪明没有护城河

比你优秀的人，往往比你更努力

01

刘德华是我非常尊敬的一个艺人，作为歌手，他是香港乐坛“四大天王”之一，吉尼斯世界纪录大全中获奖最多的香港歌手；作为演员，他曾获得三届香港电影金像奖最佳男主角和两届台湾金马奖最佳男主角。

他也被誉为华语娱乐圈中艺人的典范、勤奋的模范、精神的代表，不夸张地说，这些年，他几乎每一天都在努力。

2018 年 12 月 28 日，在演唱会现场，他因为生病而无法继续演唱，他哭着向粉丝道歉，并且还承诺要退还门票。

随后，主办方发文称，刘德华确诊患上流感，需要全面休息，并且取消了近期的 7 场演唱会。

这个新闻一出来，有人说他敬业，有人说他对粉丝坦诚，也有一种声音说他太不爱惜自己的身体了。

我专门把刘德华道歉的视频翻出来看了好几遍，他说道：“医生告诉我真的不能唱了。”然后他流着眼泪说：“我真的舍不得。”

那一刻，我的心也揪了一下。

想起前阵子在网络上看见的这句话：“那些比你优秀的人，往往比你更加努力。”

事实也的确如此，这几个月我频繁拜访了一些前辈和行业里面做得很优秀的人，我有一个很深刻的感受，那就是越是优秀的人，会越努力。

记得 2019 年的元旦，我在武汉和汤小小老师的团队一起拍祝福小视频，其实忙了一天都很累了，但是为了效果好，汤老师还是一遍一遍重新录，直到效果满意。

录完视频，她说让我们早点休息，她还要写第二天的更文。

难道她不累吗？

她也累，但是，有责任，不想辜负更多人的信任和期待。就好比刘德华，他难道不知道过度用嗓的危险吗？但他硬是坚持到最后一刻，实在不能唱了才放弃，他希望喜欢他的歌迷能听到他的声音。

所以，刘德华也罢，汤小小老师也好，他们都不会因为自己已经取得一些成绩了而不努力，反而会更加努力。

02

以前老人就告诉我们说："早起的鸟儿有虫吃。"想成功，就得在别人工作的时候你拼命工作，别人不工作的时候你还在拼命工作。

听起来有些残忍，但事实真的是这样。

胡润研究院发布的《2015 至尚优品——中国千万富豪品牌倾向报告》显示，富豪平均工作日睡眠 6.6 个小时，三成亿万富豪工作日睡眠不足 6 个小时。

所以专家说，成功人士更能自控，生活节奏也更有条理。

不仅名人如此，我身边一些优秀的人，其实都是非常拼命的，睡眠时间往往比我们少很多。

有一次和朋友吃饭，一个擅长中医的朋友告诉我们，一个人每天必须睡够 8 个小时。

其中有个朋友说："别看他这么说，最近他两天都睡不够 8 个小时。"

这个懂中医的朋友在一家创业公司做高管，经常忙到困了就在办公室睡，最疯狂的时候一个星期都没回家。

他们明明知道熬夜对身体不好，为什么还会熬夜呢？

因为他们懂得，普通人，唯有拼尽全力这一条路通往成功。

而且，一旦你开始努力，就像刘德华、汤小小老师一样，会在想要成为更好的自己的路上，越走越远。

03

当然，努力固然重要，不过呢，无论多么拼，都要记得好好爱自己。

自从去年4月份离职成为自由撰稿人以来，为了写出更好的文章，我经常熬夜写稿看书，人胖了一圈不说，精神状态也开始变得不好。

而且因为每天要花很多时间讲课、和学员聊天，我的嗓子还得了声带结节。

有一天晚上，铛铛娃给我发了一篇文章，她特别提醒我，让我在安静的时候用心看。

我明白她的用心，她是关心我，也担心我。

她不止一次提醒我，不要太辛苦了。

其实我何尝不知道自己很辛苦。

这几个月以来，我几乎每天倒头就睡，但只要大清早有了意识，清醒后，就立刻精神满满，因为有一大堆的事情等着我做，容不得我有一丝的懈怠。

那篇文章其实说的是要爱自己，要放缓脚步，我特别认可。

记得我刚开始做自由职业者的时候，我也会每天起来做早餐，每天晚上尽量给女儿准备晚餐。

我会把家里的音乐放到很大，然后在厨房煲汤。

我也会每天安排好固定的时间健身。

但随着后面的事情越来越多，我把爱自己的事情都给省略了。

每天下午4点多接了女儿晨晨以后，要一直等到她10点多睡觉后，我才有属于自己的时间。

因为时间宝贵，所以我觉得应该用来写作，用来学习，用来备课，用来点评学员的作业，唯独忘记了也要留时间好好爱自己。

于是，我对自己当下做的事情做了减法，拒绝了一些自己不喜欢的事情，专注于写作，并且成立了文芳创意写作工作坊，带领更多的人，用文字养活自己。

而且，我也重新开始健身，好好爱自己。

那么，你努力了吗？要记得身边那些比你更优秀的人，比你要努力！

当然，努力也要记得好好爱自己！

现在聪明人不是太少，而是太多

01

早上起来打开微信，有个学员给我留言，大意是说，自己焦虑了，因为几个和她同时学习写作的小伙伴，已经开写作培训班了，听说当月收入就超过6位数了。

我问她，人家赚6位数和你有什么关系？你的目标是坚持每天写500字，3年内出一本自己的书啊，难道你也想去开写作培训班吗？

她沉默了一会儿，承认说自己看到别人有了成绩，浮躁了。

其实，我非常理解她的心情。

在这个机器人都能写文章的时代，似乎人人都无法避免会被周围的环境所影响，打开微信，刷屏的都是月入10万、100万的励志文，几乎人人都很聪明，都能通过“一夜暴富”来实现财富获得。

但事实是，一旦一个人的心态变得浮躁，即使再聪明，自然无法静心思考，行动力也会减弱，就会失去脚踏实地努力的动力，再美的梦想都只能是白日梦。

在我职业生涯中，曾经历了公司的高速发展，公司在全国各地开分公司，各地都需要总部派人去支援，而作为一个全国市场的负责人，显然我的经验和阅历是无法支撑那个局面的。加上有很多职场上的“争斗”，我开始变得浮躁，整夜整夜睡不着觉，每天到公司后，面对一堆的事情，总是无法进入状态。

这样做的结果就是领导对我越来越不满意，后来我被派去负责西南市场，在成都待了大半年。

当我拖着行李箱走出成都的机场，内心忽然没有那么焦虑了。

我反而能够一步一步通过各种学习迅速补足自己的短板，各项工作也安排得井然有序，虽然人在成都，但却逐渐对全国的业务都了如指掌，也给予了各个团队应有的支持。

现在回忆起来，当一个人心烦意乱的时候，连正常水平都很难发挥，更别提成长和进步了，自然也是做不好事情的。

遗憾的是，现在的聪明人不是太少，而是太多了，大家太喜欢走捷径，图快速，而不愿意静下心来做好一件事情。

02

随着短视频的崛起，有一个叫李子柒的农村姑娘走进了人们的视野。

这个姑娘在没有专业团队的支持下，仅凭一人之力拍出来的古风美食视频，给无数人的心灵带来了慰藉。

2016 年末，短视频《自制兰州拉面》在美拍发布之后，单支视频播放量基本都稳定在 500 万以上，到了 2017 年 4 月，一支《秋千》短视频又为其带来近 1000 万的播放量。

而今，她被称为是短视频领域内的一匹黑马，单个视频全网播放量 1300 万次以上，微博话题阅读量过亿。

看了她的成长故事，我才明白，真正的聪明人，从来不是那些想要走捷径的人，而是认真一步一步做好当下的人。

她 14 岁就辍学外出打工，当过服务员，做过夜场 DJ，睡过公园椅子，据说最穷的时候，连续啃过两个月的馒头。

在外奋斗 8 年后，因奶奶生了一场重病，她毅然抛却城市繁华回到农村尽孝。

她先是用在城市打工攒下的钱开了家网店，为了提高网店的知名度，她学会了拍短视频。随着关注的人越来越多，她开始拍自己做饭的视频，逐渐打造了一个“古风”形象。

她没有为了博取流量搞怪扮丑，而是用心慢慢打磨自己的每一个视频。

李子柒的成名作是《自制兰州拉面》，为了拍摄这个节目，她亲自去拜了一个大师学习，琢磨了很长时间才学会拉面的工艺和精华。

在拍摄过程中，为了达到想要的效果，她一遍遍揉了 20 多次面。被她拍废的面团，她奶奶做成馕吃了半个月。

在接受采访时，她说：在内容制作上她并没有刻意地去追求策划，更多是想展示她从小到大最熟悉不过的物件，自然地在对应的时间点，做些对应的事情。

也就是说，她不会为了更快出名而去费尽心思的策划选题，她宁愿慢一点来。

从她的身上，你感受不到任何的焦虑不安；从她身上，你看到的是循规蹈矩。正是这种不骄不躁，让我从李子柒的身上，感受到了热爱、努力、坚持。

所以，在短短四五年时间，她从一个普通人，成长为被许多媒体称之为中华传统文化当之无愧的传承者。

据说最近她收到了马来西亚王宫的邀请，真正做到中国传统文化出海。

用努力换取成长，用双脚丈量梦想，用辛苦付出浇灌收获，李子柒看起来很笨，其实她才是聪明人。

03

有人说，无论你多么聪明，你也永远无法逾越努力拼搏的过程。这话我很认同，尤其是在如今这个信息化时代，我们更应该去除焦躁，静心做事。

因为真正通过所谓“投机取巧”成功的人，背后都是默默付出了很多的努力，如果你一味做着一夜暴富梦，很容易被陷到坑里。

总想着一次赚快钱或者一步到位，人就会变得焦虑，反而很难出成绩。

我刚开始写自媒体文章时，也有过焦虑，眼看着身边一起学习的人，写出的文章都出了“10 万 +”，有人刚写了一篇文章就被出版社邀请出书了，我却依然默默无名。

那阵子我疯狂写稿、投稿，结局是几乎全部被拒稿了。

有个文友看了我的文章，私信问我是不是最近心情不好？

那一刻，我才意识到，其实我的焦虑，都已经透过文字传递出去了，又怎么能打动编辑和读者呢？

也是从那一刻开始，我就坚持践行文如其人，我不再焦虑自己的文章是不是有“10 万 +”，也不再羡慕出书的人，而是用心打磨自己的每一篇文章，努力分享自己的所思所想。

神奇的是，当我不再焦虑时，我很快就在网络上写了一篇小爆文，继而被一些编辑主动约稿。

04

有人说，这个时代就是容易让人浮躁，环境对人多少是有影响的，这点我承认。

如今投机取巧的门槛降低了，看起来聪明人越来越多，随处可见“加速”“快速”这样的词语，好像慢一点儿，就会被淘汰。

其实，一心想图快并不是聪明的做法，真正的聪明人，是像李子柒那样，专注于一件事情，精心打磨，机会自然会主动找到她。

所以说，现在的社会，聪明人不是太少，而是太多。

弯道可以超车，但先确保你不翻车

01

弯道超车这个词最近总是出现在各种文章里，对于刚学会开车的我来说有点摸不着头脑，因为交通规则明明规定，在弯道不许超车的，那样很容易翻车。

为了彻底解除我的疑惑，我查了一些资料，搞清楚了弯道超车的来龙去脉。

“弯道超车”，原本是赛车上的一个术语，指参赛车手在拐弯处比直线跑道上更易超越对手。

而今大家多以“弯道超车”比喻危中有机，从大的方面来说，经济发展上的每一次危机，都是产业重新布局，企业重新洗牌，新机遇不断涌现的关键时期；从小的方面来说，就是越是在不乐观的环境下，反而会有新机会。

我就想起前几年认识的一个前辈，是一个姐姐，她因为父亲突然病重，需要休几个月假回老家陪父亲。

后来父亲确诊是癌症晚期，只有一年的时间了，她为了兼顾工作和照顾父亲，把父亲接到了自己所在的城市，请了保姆照顾，这样她也可以正常上下班。

公司考虑她的情况，给她安排了一个非常轻松也没有什么难度的工作，工资也比原来低了很多。

一般人遇到这种情况，一定会很感谢公司的安排。

但那位姐姐说，不想要贱卖自己，直接辞职，一边在家里照顾生病的父亲，一边看书学习，考了很多专业的证书。

后来父亲去世，她重新步入职场，工资待遇是之前的好几倍。

她通过一年多时间，提高了自己的核心竞争力，看起来是生活遇到了弯道，她却通过自己的方法，实现了弯道超车。

也是这位姐姐的故事，让我相信了弯道超车的存在，但弯道超车的前提是车技要好，打铁还需自身硬。

如果只是一味想要实现弯道超车，而不去提升自己的“车技”，很有可能会翻车。

02

当然，要确保不翻车，除了技术过硬，也要尊重一些游戏规则。

前阵子忽然得到消息，说朋友小军被警察抓起来了。

后来我了解到，3 年前，他为了投资一个项目，挪用了几百万的公款，公司发现后，辞退了他，并要求他分期将挪用的公款还清。

小军和许多人一样，从农村到大城市发展，没有背景也没有资源，他也想弯道超车跑得快一点，却将法律抛诸脑后。

而且，公司其实也给了他机会，他被公司辞退后，并没有安心找份工作赚钱，还是一心渴望着能有弯道超车的机会。

听说为了快点赚到钱，他还借了高利贷跑到澳门去赌博，结果是债务越来越多，承诺还公司的钱也没有还上，最终激怒了公司，一纸诉状将他送进了监狱。

想要弯道超车固然是好的，但是一定要确保不翻车，要尊重所在领域的相关规则，更要把法律放在心上，要不然就像小军一样，将自己的后半生过成了悲剧。

电视剧《都挺好》里面的老二苏明成，也是一个一心想要弯道超车最后车翻了的案例。

他从小被父母娇生惯养，没什么本事，在得知自己欠了父亲的钱后，就很想快点还上，得知自己的主管有个能赚钱的项目，就四处凑钱投资，指望着能够一夜暴富。

无论妻子怎样劝阻他也不愿意放弃，最后妻子选择了和他离婚。而他呢，自然是投资失败，本金也不翼而飞。

当时妻子劝过他，他不懂投资，也没有判断能力，但是他不听劝，最后受伤害也是活该。

03

仔细观察就不难发现，那些能够成功弯道超车的人，看起来超车只是瞬间，但其实，他们往往在距离弯道很远的地方已经开始做准备，还有人，在出发的时候已经在规划如何找到关键点超车。

最近新认识的朋友慧敏是做整理的，和很多会营销和宣传的人不同的是，她几乎很少对外宣传自己，但就如此，她也能在如今这么多做整理的人中脱颖而出。

如今的她，将工作室搬到了星级写字楼，不但和政府有紧密的合作，而且还开整理师培训班，看起来算是弯道超车了，其实从她决定做整理开始，所有的方法和理念都是自己亲自践行过的。

她曾在 4 个月的时间里，帮助 30 个大家庭免费做了上门整理，自己也是在整理的过程中，找到了真正的自己，将客户关系处理得非常好。

有人说，其实如今的机会和转折点很多，每个普通人都会有弯道超车的机会，那么，想要弯道超车，除了像慧敏那样，从一开始就踏实努力外，还需要改变固有的思维。

人与人之间最大的差距就是思维模式的差距，你对待一件事的看法不同，结果也就不同。

在我认识的人里面，我的前老板熊总是最有前瞻性的一个人，在他的带领下，我们团队总是研发出引领行业趋势的产品。

2011 年我们开始做手机优惠券，那时大众点评网还很火，后来陆续有一些公司也开始做了。当时熊总就和我们聊天，说有没有一种方式，可以让优惠券不再依靠手机短信验证？

后来我们就想到了银行卡，并且和银联商务合作，推出了 U 联生活平台，公司也成了第一家上市的O2O企业。

当初我们能够弯道超车，靠的就是思维方式的改变。

所以，弯道超车是可以的，但绝对没有任何一个弯道超车是轻松就能实现的。

04

当然，也有很多人说，如今的时代弯道超车已经越来越难了，更应该有“换道超车”，这点我也很认同。

但不管是弯道超车还是换道超车，我们都不能打没有准备的仗，不能铤而走险违反规则，更不能像我朋友小军一样越过法律这条红线。

一旦这样做，就算你侥幸弯道超车成功了，也很难有长久的发展。

人生路漫漫，前行不易。想要超越对手更难，真正的超越，需要依靠的是审时度势的眼光和自身的综合实力。

在我看来，做任何事情最好做好长期久远的打算，轻易不要弯道超车，不然容易冲出跑道，引发灾难。

真正大智慧的人，往往都很笨拙

01

有位前辈告诉我说，你能看到的“成功”，其实都只是一种结果和表象，每一种成功的背后，必定都有一种“笨功夫”在支持。

这些年一路走来，越发感觉这句话说得在理。

正所谓“傻人有傻福”，真正大智慧的人从不喜欢取巧的东西，也不相信什么四两拨千斤，反而靠的是笨功夫，凡事喜欢下笨功夫死磕。

曾国藩就是一个爱用“笨”方法的人。

小时候，父亲要求他读书的时候，如果上一句读不懂，不能读下一句；如果这本书读不完，不能读下一本；如果一天的任务完不成，不许睡觉。

他从来没有走过捷径，严格按照父亲的要求，一条路走到黑。

正是这种看似“笨拙”的学习方法，培养出了他超乎常人的勤奋、吃苦、踏实精神，这才打好了基础，为他以后开挂的人生之路种下了因。

后来，他带领湘军打败了骁勇善战的太平军，用的也是最笨的办法。

他在带领湘军之前，并没有多少带兵打仗的经验，也不懂什么用兵之道。之所以能赢，其实就六个字——结硬寨，打呆仗。

曾国藩从来不与敌军硬碰硬地短兵相接，即使在胜算很大的情况下也从不主动发动攻击，而是每到一个地方就在城外扎营，然后挖战壕、筑高墙，把进攻变成防守，先让自己处于不败之地。

而且，只要一有时间，曾国藩就带领湘军不停地挖沟，一道又一道，直到让这个城市弹尽粮绝之后，再轻松克之。

曾国藩就是这样，一座城接着一座城，一点一点地挖沟，一步步地往前拱，把太平天国给拱没了。

《史记》记载：孔子在年轻之时曾向老子请教过做人的道理。

老子曰：“良贾深藏若虚，君子盛德，容貌若愚。”

大意是说，一个头脑精明的商人会把货物密藏不让别人看见，虽然富有，却像什么也没有；一个品德高尚的君子，往往像个愚钝的人一样，毫不外露。

的确，仔细想想就不难发现，那些真正拥有大智慧的人，往往看上去都很笨拙，不懂取巧，遇到问题只知硬钻过去，因此也不留死角。

相反，那些有小聪明的人，不愿下苦功，遇到困难要么放弃要么绕着走，反而基础打得不牢固。

所以，“笨拙”看起来是慢，其实却是最快，是一种极“聪明”的做法；因为不懂取巧，所以不留遗弊，不会出错，胜过一切机巧。

02

当然，那些所谓懂得取巧的聪明人，是比较容易得到外界的赞誉和追捧，也很容易沉浸其中不可自拔。

就好像方仲永的故事，他有天赋，他的父亲认为有利可图，就每天带领着方仲永四处拜访同县的人，不让他学习。

短期内看似走了捷径，最终却让他变成了一个普通人。

身边这样耍小聪明反而被聪明误的故事也有很多。

有个叫涛的男孩子，非常聪明，很善于察言观色，大学毕业就到一个大公司做了销售，直属上级是个女领导，他很快就博得了领导的青睐。

别的销售都自己找客户，电话营销、陌生拜访，他成天围着女领导，领导就会给他分配一些老客户资源。

这样就算他不那么辛苦地跑业务，每个月也有不错的提成拿。

后来那个女领导因为工作出了问题被辞退，新来的领导根本不吃他那一套，严格考核销售人员的业绩，他一个月后就被淘汰了。

因为没有扎实的销售功底，他几乎都不知道如何去寻找客户，自然无法有业绩了。

他自以为靠讨好领导可以不用那么辛苦，结局是直接被淘汰。

其实，我们也经常会遇到一些类似的聪明人，他们似乎总能发现一些小窍门，也能用一些手段绕过各种规则，并且轻而易举地获得一些小成就。

可是，也正是因为他们过于算计，喜欢要小聪明，往往很难有大成就。

在我看来，和笨人比较起来，聪明人要成功，反而更要加倍努力，更要下笨功夫，因为稍有不慎，就可能会步了方仲永的后尘。

要点小聪明固然短期内能比别人走得更快，但实际上，其基础与心态必然不稳，能力也没有提升，最后只能限制自己未来的发展，沦为平庸者。

03

古话说："以天下之至拙，应天下之至巧"，生活中，与其让自己未来的路更难走，还不如下点笨拙的功夫，一步一个脚印，将自己的基础打稳，为未来创造更大的上升空间。

就说小米公司吧，很多人以为小米的成功是因为雷军那句话：站在风口上，猪都能飞起来。

其实却不是如此。

在小米成立之前，雷军就已经做了 3 年的 MIMU 系统。

刚开始，雷军是一个既没有客户，也没有用户的"光杆"司令。后来他搭建了一个网站，在里面聊天、发评论、发帖子，以此和其他人成为朋友，然后将其拉到 MIMU 论坛里面。

他在很多城市建立 MIMU 同城会，一起聊一聊喜欢的数码产品，在这个过程中，他收集到了用户的具体需求。比如有人说，现在的手机通话久了经常发热，有些想要的功能无法实现，然后 MIMU 就实现了这样的功能，可以让用户下载使用。

这种事情，雷军做了 3 年，并且在全国建立了同城会，聚集了百万忠实的会员。

今天我们看见小米多么风光，其实背后不知道埋头苦干了多少个日日夜夜。

所以，那些真正的聪明人，都是有大智慧的人。他们不是一味浮躁地选择走捷径、处心积虑地玩心机，而是选择沉潜下来，勤勤勉勉地学习，以“笨拙”的方法，应对一切机巧。

04

如今这个时代，从表面上看，好像大部分成功的人都在弯道超越，于是很多人总想获得一切成功的捷径。

其实，世间根本就没有一夜暴富的美梦，成功的背后，都是“一番寒彻骨”的苦功。

老话说“小聪明撑不起大智慧，小算计也称不上精明”，真正有智慧的人，往往在世人眼中都是一个笨人。

作家刘震云说过：“我们民族最缺的就是笨人。因为中国聪明的人太多了，越聪明的人，越应该有一种踏实和实干的精神。”

国学大师钱穆也曾说过：“古往今来有大成就者，诀窍无他，都是能人肯下笨劲。”

胡适也说：“这个世界聪明人太多，肯下笨功夫的人太少，所以成功者只是少数人。”

所以，做人做事不能尽耍小聪明，要懂得踏踏实实的道理，投机取巧是不会长远的。

人是怎么废掉的

01

知乎上有人问，一个人是怎么一步一步废掉的?

我看到这个问题，脑海里就冒出了四个字：满足现状。

敲下这四个字后，我的脑海里就冒出了前不久在商学院认识的辉哥。

在我们见面的第一天，大家都在聊为什么要来商学院学习，已经实现人生财富自由的辉哥说，再不来他就要废掉了！

我很好奇，为什么会这么说呢?他说，因为太满足于现状了，以至于这几年他没有任何的进步，整个人都懒洋洋的，提前过上了退休生活，感觉人生已经再无盼头，这难道还不是废掉了吗?

仔细想想，辉哥说得还真挺在理。

虽说安逸的生活，的确让很多人眼红，但也容易让人失去斗志，随后就会越来越懒散，直到迷失了人生的方向。

长此以往，的确人就废掉了。

02

辉哥是明智的，当他意识到满足现状即将毁掉他时，他选择了继续学习，重新寻找斗志。

这让我想起一句特别古老的话，那就是你的心有多大，你的世界就有多大。

有时候，当我们换一种方式，不再安于现状，反而会峰回路转，渐入佳境。

秦朝的李斯被很多人熟知，是因为他为秦始皇统一六国，立下了汗马功劳。但年轻时的李斯，却只是一名小小的粮仓管理员。他的工作是负责仓内存粮进出的登记，日子过得浑浑噩噩，他也满足于现状。

有天他上厕所，不小心惊动了厕所内的一群老鼠，这群在厕所内安身的老鼠，瘦小枯干探头缩爪，且毛色灰暗，身上又脏又臭，让人恶心至极。

那一刻，李斯忽然想起了自己管理的粮仓中的老鼠，那些家伙，整日在粮仓中大快朵颐，逍遥自在，一个个吃得脑满肠肥，皮毛油亮，与眼前厕所里的这些老鼠相比，真是天上地下啊！

联想到自己，在蔡郡城里的粮仓中做了 8 年小文书，从未见过外面的世界，不就如同这些厕所里的老鼠吗？整日在这里挣扎，却不知道有粮仓这样的天堂。

于是，李斯决定换一种生活方式，不再满足于现状，第二天就去投奔儒学大师荀况，开始自己寻找“粮仓”的道路。

正是对现状的不满才成就了他位居丞相的霸业。

可见，一个不满足于现状的人，人生会有更多的可能性。

03

或许你会说，谁一开始就满足于现状的啊？还不是被生活所迫！

的确，我们每个人都曾对将来有过一番打算。遗憾的是，理想与现实总是有差距的，然而满足于生活现状，就永远不会有进步。

2017 年 5 月份的一天晚上，我忽然觉得，每天重复同样工作内容的生活，真的不能继续下去了。

2008 年毕业，2009 年入职到现在的公司，从文员开始一路成长到而今的职位，见证了公司项目从无到有、再到上市的过程，对本岗位和公司的一切，熟悉得不能再熟悉了，甚至连应对行业变化带给个人的挑战，都变得得心应手。

一方面，说明生活很舒适，而另外一方面，说明我在原地踏步。

古人说，不进则退。在如今这个快速发展的时代，你前进得慢都是退步，又何况是不进步呢？

眼看着身边的人不断进修，参加的行业论坛也越来越高端，而我，始终在那样一个小圈子。

内心那个不安于现状的我，终于苏醒了。

于是我开始疯狂参加各种各样的学习班，期间还休息了6个月，去了自己梦想中的大草原，当我在草原上看着触手可及的星星，当我看着牛羊悠闲地吃着草，我下定决心，好好工作的同时，一定要开始写作，绝对不能满足于现状。

于是，我开了自己的公众号，开始给别人投稿，有了自己的粉丝，每个月有了固定的收入，虽不多但也是额外的收益。

貌似生活又开始安逸了，庆幸的是，我遇到了愿意提点我的前辈，告诉我不能满足于现状。

于是，我来到了知乎，短短的时间，居然得到了这么多赞和关注，而我，也越发意识到自己还需要不断学习，所以就给自己制定了系列的专题阅读计划。

说了这么多我的故事，其实我想表达的是，之所以满足于现状会让一个人废掉，主要的原因是，满足于现状的人，会忘记学习和成长，人生自然会走下坡路。

04

或许还会有人说，老祖宗不是说“知足常乐”吗？怎么就变成了满足现状会让一个人废掉呢？

其实，知足和满足是有本质的区别的。

知足是一种富足饱满的人生心态，是一种来自内心深处的美好情怀，是对现有人生的自信、豁达、平和、愉悦的关注与认可。

而满足则是一种迟钝静止的人生状态，对周遭一切不再关注后，原地踏步不动。

俗话说，做人需要知足，做事不可满足。懂得做人知足，我们就不会把精力和心思放在一些不重要的、虚浮的东西上，专注于内心的安宁。而有了做事永不满足的斗志，我们才会勇于攀登人生的顶峰，也才有可能拥有多彩斑斓的一生。

05

遗憾的是，现实生活中的我们也只是凡人，很多人都会像辉哥一样，满足于现状。

那么，我们要怎么样做，才能尽可能避免陷入这样的恶性循环呢？

我觉得有三个方法可以帮助到我们：

第一，时刻反省自己。

曾子曰："吾日三省吾身——为人谋而不忠乎？与朋友交而不信乎？传不习乎？"

我们虽做不到日三省吾身，但定期反省自己，有没有陷入舒适区？有没有懈怠？多检查自己的心理状态，就会提早发现自己满足现状的苗头，将其扼杀在摇篮里。

第二，有了目标马上行动。

我们的想法很多，却苦于总是实现不了，根本原因就是不行动，这也容易让我们满足于现状。

所以，一旦有了目标，就马上付诸行动，这样会让你变得积极起来，并对生活更加热情。

第三，永远要对生活充满希望。

人生有希望才有活头，所以任何时候，我们都要对当下的生活充满希望，希望会激发我们对目标达成的渴望。而且，一个心中充满希望的人，就是一个跃跃欲试的人，自然就不会满足于现状了。

总之，始终都要抱有对生活的热情，才会让日子越过越有滋味。

06

鲁迅说过，不满是向上的车轮，也就是说，优秀的人总是在不满现状中追求进步。

想想身边那些没有什么成就的人，大部分都是半路取得小成就后停下来，满足于现有的生存状态，漫无目的地走以后的路。

而那些有所成就的人，无一不是始终不满与现状，将每个小成就，当成是人生的一个节点。

一个人过于安于现状，显然是不会有什么大作为的；一个人唯有不满足于目前的成就，积极向上攀登，才能使自己的潜力得到充分的发挥。

那么，你满足于现状了吗？反正我是不满足的。

你混日子，日子就混你

你在年初的时候不努力，待到年底，就只能配得上你现在的生活。

你在风华正茂的年纪虚度时日，待到而立之年，就只能配得上你糟糕的一生。

01

每当一年结束，很多人就会开始为过去的一年里自己的不作为懊悔，甚至有人沉浸于其中不可自拔。

“唉，一年又白忙活了，没攒到钱也没学到本事。”昨晚，小军在微信群里发了一条消息。

我正想着如何安慰他呢，刘丽给我发了一条私信：“千万别搭理他。”

她让我去看看小军的朋友圈，就什么都明白了，出于好奇，我快速浏览了他的朋友圈：

又喝多了。

这家公司老板不靠谱。

不就开会迟到吗？至于发那么大的火吗？

……

宿醉、抱怨、诉苦……

小军的朋友圈像极了公共场合的吸烟室，不抽烟的人路过都会被呛着。

说实话，这样经营生活，想把日子过好的确有点难。

“他活该总是失业。他啊，只配过这样的生活。”刘丽的毒舌是出了名的，但这一次，我觉得她说得在理。

为什么？

因为今天的恶果都是他往日的不作为造就的。

王健本科毕业，大学学的土木工程，毕业后嫌本职工作太无趣，跳到一家医疗器械公司做销售，中途因为回扣的原因被解雇。

据说这些年，他逮人就吐槽公司老板和上级，而且几乎每隔一段时间就换一个新的工作。

这些年，他生活中最大的变化就是身边的朋友越来越少了，大家由最初的同情，慢慢地转化为嫌弃，并最终远离他。

年近40岁，无一技之长，无固定工作，未来几十年他的日子，我们是可以想象到的。

这让我想起了《士兵突击》里那句很有名的台词：“你现在混日子，小心将来日子混了你。”

你混日子，日子也会混你，唯有你好好对待日子，日子才不会辜负你。

02

王健是很多人的缩影，稍加留意就会发现，每个人身边都有几个王健。

在该努力的年纪蹉跎岁月，然后眼睁睁地看着身边人的日子越过越好，就开始吐槽命运对自己的不公。

他们从没想过，别人光鲜亮丽的背后，付出了多少。

之前有朋友参加了全球女性精英创新创业千人峰会，嘉宾都是企业高管和创业公司老板，其中很多人除了本职工作，还是新媒体写手、各类培训师等。

总之，她们就是人们眼中的佼佼者、成功者。

与会的朋友，告诉我一个信息，那些女性精英认为每天睡6个小时很多了，3个小时是常有的事。

这让我想起了前几天一起吃过饭的一个姐姐，她两年前开始创业，现公司主营业务已有非常稳定的流水，正在开拓新的业务。

聊起两年的辛苦，她淡淡地说："因为喜欢，所以不觉得累，就是太忙，染头发的频次赶不上头发变白的速度了。"

说话间，我仔细看了一眼，的确，无数根白头发倔强地从头皮里挤出来，显得很扎眼，更扎心。

我低下头，眼睛湿润了，从零开始的创业，个中艰辛只有当事人才能感同身受，提前白了的头发，就是最好的见证。

那些我们羡慕的牛人们，远比我们想象的要努力得多，也正是因为他们过去一直以来的努力，才拥有了眼下让我们羡慕的生活。

说白了，他们配得上现在拥有的。

03

你就只配得上现在的生活。这话很扎心，但更扎心的是，你的能力配不上你得到的。

那就会像《易经》说的那样："德不配位，必有灾殃。"

大家应该还记得《欢乐颂》中的纨绔子弟曲连杰吧？

他拥有让人羡慕的有钱老爸，什么都不用做，就可以在一家公司任高管，而这对于不学无术的他来说，反而意味着灾难。

由于不懂经营，又不虚心学习，在其接手公司业务的半年时间里，直接造成了 300 万的经济损失。

被踢出公司后，又跑去赌博，欠下一亿的赌债。他的悲剧，就是因为个人的能力和所拥有的不匹配导致的。

不努力，就算你拥有傲人的财富也无法驾驭。

04

有人说，你怎么样对待世界，世界就怎么样对待你。

我们都讨厌自己的平庸，渴望生活是五彩斑斓的。我们却忘了，虽说每个人都配得上更好的生活，但生活方式却是自己选择的。

扪心自问一下，你现在的努力，配得上你将来想要的生活吗？

不运动，却总幻想着变瘦；

总熬夜，却幻想着皮肤变好；

不甘平庸，却又不行动；

……

稻盛和夫在《活法》中说过："在如此的人生里，为自己写好脚本的人与庸庸碌碌混日子的人，有着天壤之别。"

其实，生活对我们是最公平的，它不会辜负任何一个真正有目标又很努力的人。对只懂抱怨、不知改变的人，生活能给的，也只有重重的耳光。

正所谓"可怜之人必有可恨之处"就是这个道理。

能用汗水解决的问题，就不要用泪水

01

作家苏心讲过这样一段话："现在用汗水解决的事，不要留着以后用泪水，况且，泪水也解决不了任何问题。"

她认为，人生就是一只储钱罐，你投入的每一分努力，都会在未来的某一天，打包还给你。

这点我深以为然。就像古话说的那样，先苦后甜，如果你在该奋斗的年纪怕流汗偷了懒，将来遇到困难只能以泪洗面。

电视剧《都挺好》里面的二哥苏明成，小时候被父母百般宠爱，该学习的时候不好好学习，毕业了父母帮忙安排好工作，要结婚了父母就准备好婚房，完全是一个没有生存能力的巨婴。后来母亲忽然离世，靠山没有了，工作、生活就被他搞得一团糟，最后投资失败，妻子也和他离婚了。

看起来小时候很幸福，不用为任何事情操心，更谈不上流汗了，到了中年，遇到困难时只能流眼泪。

而妹妹苏明玉和他恰恰相反，由于是女孩子从小不被待见，她 18 岁就选择离开父母靠自己养活自己，练了一身的本领，在职场上也是一把好手，住着别墅开着豪车。

当家里遇上了问题，她该出钱出钱，该出力出力。这和只会流眼泪的二哥苏明成形成了鲜明的对比。

其实，人这一辈子真的很长，在你最终抵达自己想要的生活之前，每个人都会遇到困难和障碍。这时候最好的做法是要用汗水去解决它，而不是等到将来的某一天后悔莫及，只能用泪水面对。

02

前几天有个湖北的小伙伴聊到她现在的生活，说目前的生活算是比较惬意的，在一个有专业门槛的单位做技术工作，每个月的技术补助就相当于很多人的工资了。

我问她是怎么拿到这个技术补助的？

她说，十几年前，相关机构有一个认证类的考试，只要拿到证书，就能每年享受一定金额的补助。

同事们都觉得考试太难了，当时只有几个年轻人报了名。

她想着人不能只看眼前，就也跟着报了名。

随后的日子，用她自己的话来说，简直是“生不如死”，白天要上班，晚上回家要带孩子，要学习的科目还非常多，加上她本身教育水平就不够，学习起来就更加费劲了。

无数个夜晚，她累到满头大汗都顾不上擦，那些专业的知识点，她硬是死记硬背了下来。

考试通过后，所有人都不敢相信是真的。

“现在他们都很羡慕我这份补助，可谁又知道当年我付出了多少呢？”她说，现在单位和她同时期的同事都很羡慕她，可当年她流汗的时候，他们又在干吗呢？

她真的是一个非常有远见的人，而看得远的人，往往都明白，能用汗水解决的问题，就别用泪水，因为用汗水努力去生活，人生才会更自由。

03

龙应台在《野火集》里说过这样一段话：在你没有亲身试过以前，你不能说“不可能”！在你没有努力奋斗过以前，你也不能谈“无力感”。

很多人在该奋斗的年纪不选择流汗，常常是被自己认为的“不可能”吓退的。

小茉是一名机构的心理咨询师，一年前我们探索副业的时候，我就建议她可以在互联网上帮大家做心理咨询，因为她有着非常多的实战经验。

她第一个反应就是自己没有做过，肯定做不好。

我记得很清楚，她当时列举了一堆网上做咨询的缺点。可问题是，明明有很多人已经做得很好了。

一年过去了，我身边很多资历和经验不如她的人，都变了现，她还在原地，依然会在微信上吐槽说现在的工作多么不顺心。

她明明可以通过努力多一份收入，随着副业收入的增加，她可以随时离开现在并不喜欢的工作。

但她内心深处其实是害怕失败，害怕付出，不想流汗付出，那就只能面对不堪的现实流泪了。

小妹的成绩很不好，因为是家里最小的孩子，我们几个姐姐都很护着她，毕业后她赚的钱，几乎都被自己挥霍掉了。

后来她结婚生了孩子，日常开销越来越大，她选中了和田玉的行业，去年下定决心去武汉地质大学考珠宝鉴定师。其间我刚好去武汉办事，她来看我，大半夜还在背书，我开玩笑说，你比上学的时候可认真多了！

她说，就是因为小时候读书少，现在才要更加努力。

小妹算是幸运的，她已经意识到努力的重要性了，而只要愿意努力，其实现在开始也不晚。

在你选择努力的路上，无论是遇到质疑也好，不理解也罢，这都是无法避免的，一个人想要证明自己，其实是有两条路可选的，一条是哭哭啼啼地扮可怜，一条是凭借自己的实力和能力去解决问题。

但始终都要记得，只有付出汗水的努力，才能让我们开创新的格局，能靠汗水解决的，就不要随便流泪。

你这么努力，到底为了什么

01

《都挺好》最近特别火，很多人都在感慨姚晨扮演的苏明玉从小受到不公平的待遇真的很惨，我也不例外，尤其是看见她被二哥打的情节，更是替她感到不公平。但也有一个事实，就是在三个孩子里面，无论是事业上还是经济上，她都是最有自主权的那个。

妈妈离世，她可以包揽一切开销，家里人有任何困难，她都有能力帮忙解决。

这一切，都因为她遇到了师傅老蒙，是师傅对她说的一句话，让她的人生从此有了方向。

明玉和家里人翻脸以后，就开始靠辛苦打工养活自己，而且她的梦想是出国留学。在一个很普通的日子，她正卖力地发传单，遇到了路过的老蒙，她执着地向他推荐英语班。

可能是她太执着了，老蒙问明玉这么努力为了什么？

明玉说，是为了赚够钱出国留学，但是当老蒙算了一笔账之后，发现以明玉目前的赚钱理念，花很久的时间，也有可能实现不了自己的梦想。

这为明玉打开了一个新的世界。她因此开始跟老蒙干，实现了个人价值的最大化。

有网友觉得，老蒙的赚钱理念对明玉的影响最大，这点我不否认，但在我看来，其实就是老蒙的那句话，对明玉影响最大，那就是他问她：“你这么努力到底为了什么？”

因为，在我们前进的路上，我们最容易遗忘的，就是自己为什么出发。

老蒙帮明玉算的那笔账，难道她不会算吗？她当然会，但为什么直到老蒙指出来，她才顿悟呢？

那是因为，在我们前进的路上，有时候不是自己忘记了为什么出发，而是我们会下意识地强迫自己不去想结果，因为结果太残忍。

我打个比方，你明明知道，晚上吃了一顿肉，减肥计划就会大打折扣，但是当你把肉放进嘴里的时候，你还是不会提醒自己停止。如果旁边有人提醒你，你就会收敛很多。

所以，一旦你选择开始出发，一定要时刻问自己："你为什么要这么努力？"

记得初心，才会在前进的过程中，不至于走歪了路。

02

前几天，有个新近认识的网友找我聊天，是个男生，他说，看见我依然在坚持写作，真的好羡慕，然后觉得自己现在的日子，过得一点都不开心。

他的故事是这样的：

和我一样，他出生在北方一个山村，从小就特别喜欢画画，而且画得很好，但那时候学习画画，学费很贵，而且还要经常买颜料画笔什么的。

所以，他大学就选择了师范学校，因为学费低，而且还有补助。

他告诉我，当初他就暗暗下定决心，等他赚到钱了，就去学习画画。

我问他现在赚到钱了吗？他说赚到了！

我问他，你学习画画了吗？

他说没有！理由是，时间全部用来赚钱了，而且后来又结了婚，有了孩子，时间被工作和家庭全部占满了，只能在午夜梦回的时候，暗自祭奠一下自己逝去的梦想。

我问他，真的忙到连每天抽出 10 分钟画画的时间都没有吗？何况如今的互联网，学习和分享都是如此的便捷。

他没有回复我了，我也没有再追问。

每个人都有不得已的苦衷，但是我敢笃定的是，他这些年，一定是忘记了自己为什么而努力。如果他知道，自己的梦想是画画，那么，无论再苦再累，他都会坚持下来，而不至于几十年了，梦想还停留在因为没钱而夭折的那个瞬间。

太可惜了。

而他的故事，又何止发生在他一个人的身上呢？我们有多少人，还记得自己的梦想呢？

03

关注我朋友圈的小伙伴应该有留意到，最近我在朋友圈，发了一些我之前写作的故事，当我重新再看 20 年前，一位编辑手写给我的信，我的眼泪止不住流了下来。

很多人都说，自己当年也有过写作梦，可惜，没有坚持。

是啊，毕竟生活中的变化太多了，谁都无法确保明天会发生什么，那么，我们该如何才能时刻谨记自己为什么要努力呢？

我分享几个小的经验：

1. 把你的梦想尽可能多地告诉其他人。

这个方法，其实是我回头看自己走过的路，总结出来的。

我喜欢写作，梦想是成为一名作家，小时候我就告诉老师，告诉同学，所以，在同学们的记忆中，我就是作文写得好的那个人，我难得参加的几次同学聚会，大家也会提起这件事情，这无形之中就是对我的一种警醒。

你可以告诉你的家人、你的闺密、你的朋友，他们有意无意都会提醒你。

2. 保留承载你梦想的一些物品。

前几天和一个朋友聊天，她说，婚后她就把和前男友相关的一切信件照片都扔掉了。

这说明什么？说明她要放下过去那段感情了。反之，如果你不放弃，那就尽可能多地保留，这个是因人而异的。

以我自己为例，我把小时候我写的作文、摘抄本、我办的校报、我大学时写的文章……几乎都是随时带在身边，定期就会去翻看一下，提醒自己，今天所有的努力，都是为了有一天，可以做自己真正热爱的事情。

3. 立刻开始行动。

想再多不如立刻开始行动，在我身边，进步快的人，都是行动力超强的人。

朋友噜啦啦说，她想做朋友圈训练营的时候，其实心里没底，毕竟没有做过训练营。

但另外一个声音告诉她，必须立刻行动，要不然别人就会抢了先机。于是她第一期的学员几乎都是身边的朋友，不过也顺利开到了第五期，而且越做越好。

所以，如果你看完我这篇文章，你想起了自己为什么而努力，你想起了自己的梦想，不要再去懊悔，而是立刻行动起来。

比如开始写、开始讲、开始读……

当下就是最早的开始了！

凡事留心的人，最好命

01

记得有次看完汤小小老师的公众号更文，感觉她的视角很独特，于是我给她留言：“每次都被汤老师的视角惊讶到，我怎么就想不到？”她很快就回复了：“多留心一下就想到了。”

是啊，多留心，乍一听是句很普通的话，但细细想来，确实非常有道理。

因为凡事多留心人的，往往更容易得到命运的垂青。

小娇就是其中一个。

一次和客户吃饭，对方团队里有位主管是个年轻的女孩子，期间去卫生间的次数很多。

其他人都忙着聊天吃饭自然没人留意到。

过了一会儿，有服务员端了一杯红糖水给那个女孩子。

女孩子正惊讶服务员怎么会知道她不舒服而且适合喝红糖水呢？就收到了小娇的微信提醒，告诉她多喝水，不舒服可以出去休息会儿。

主管当时一定是很感动的，临走时，单独给小娇发了一张名片。

其实小娇只是一名项目助理，这一次能一起吃饭，主要是因为包房的预定和点菜是她负责的。她日常的工作就是协助项目经理跟进项目进度。

后来我们和那个客户有一个新项目的合作，对方负责人正是那个主管，她指定要小娇作为项目经理。

我后来向那个主管确认原因的时候，她说：“一个连别人努力掩饰的痛苦表情都能留心到的人，工作上也一定会非常注意细节，有责任心。”

小娇凡事留心的特点，让她在职场上得到了一个迅速提升的机会。秦简在

《重生之高门嫡女》说过："留心别人做的一切，留心天下事，常言道，世事洞明皆学问，人情练达即文章。你要学习一切，留心一切。"

02

妹妹最近对新来的店员赞不绝口。"她真的很有心，那天我就随便说了一句灯光颜色不对，她就自己主动调整了。"妹妹一边给我看店里的监控录像，一边给店员打电话提醒她要注意安全。

我仔细一看，那个店员真的站在一个高凳子上在左右扭动着灯管。

妹妹的服装店很小，所以灯光就很重要了。前几天她发现有个灯的光投在墙面上有黑影，就随口念叨了一句，准备找人来修，这个店员就留心了。

她之前的店员就和现在的这个形成了鲜明的对比。

单就给模特更换衣服这件事情，妹妹就被气得够呛。

妹妹要求每个星期都要给店内的所有模特更换一套衣服，之前的店员从来没有按时更换过。

每次妹妹去店里面都会亲自更换，之前的店员也没有觉得不好意思。

有一次妹妹实在忍不住，主动问她："你没发现模特的衣服都换过了吗？"

她居然说："啊？我怎么看不出来。"

"她就是不留心，不长心。"妹妹每次提到那个店员，都是一肚子火。

而且，凡事不留心也就罢了，最不能忍受的就是业绩差，经常连续几天不开单。

后来妹妹主动把她解雇了。一个凡是不留心、不注重细节的人，也无法指望她做好其他事情，就更别提有好的业绩了。

其实，一个人凡事是不是留心，就暴露了他的工作态度、生活态度，凡事都不留心、看不到细节的人，自然也不会把眼下的生活或者工作当回事。

03

有人说，这是一个细节取胜的年代，任何方面要想有所成效，对于细节的处理都必须精益求精。

在生活中，只要你细心、留意地去观察，思考一朵花、一棵草、一片纸屑等看似非常平凡的事物，在潜心格物中一定会有很多新的发现。

汪曾祺在其《岁朝清供》说过这样一段话："如果平日留心，积学有素，就会如有源之水，触处成文。否则就会下笔枯窘，想要用一个词句，一时却找它不出。语言是要磨练，要学的。"

其实，我觉得这句话不仅适用于写作，也适用于生活和工作。

长期坚持凡事留心，就会养成善于观察和思考的好习惯，也更容易保持好奇心。

通过留心观察得来的信息带动思维思考，长此以往，我们会慢慢改变思维方式，认知能力也会慢慢提升。人生格局自然也就不同了。

读商学院的时候，我认识了一个大哥，他说，自己做了十几年生意，每次选择行业都很准，诀窍就是他善于观察，事事留心。

他告诉我，无论去到哪个城市，他都会观察街边生意好的店铺，对于当地做得比较好的企业，他都尽可能去拜访学习，所以，他总是能比较快地发现新的商机。

在牛顿之前，苹果一定也砸中了很多人的头，只可惜，只有牛顿留心，才发现了万有引力。机遇对每个人来说都是平等的，但是它只钟情于事事留心、处处在意的人。

一流人才和三流人才的差距，就在这一点

职场中普遍存在这样一个怪现象：有一些人，看起来不是那么努力，但工作成果总是很显著，很容易就得到升职加薪的机会；而有些人，看起来和别人一样勤勤恳恳，天天加班，拼死拼活到头来却总是碌碌无为，更是无缘升职加薪。

为什么呢？

为过程鼓掌但只为结果埋单

有人说，职场和上学考试一样，不管你平时天天玩还是学到后半夜，最后只看成绩。

的确，职场上，无论你付出多少，衡量你工作是否优秀的重要指标，还是你完成了多少工作成果。

有个故事就很好地说明了这一点：

从前，在一座寺庙内有一个小和尚负责撞钟，半年后，住持宣布调他到后院劈柴挑水，原因是他不能担任撞钟一职。

小和尚很不服气，去问主持："我撞的钟难道不准时、不响亮吗？"

老住持告诉他："你撞的钟虽然很准时，很响亮，但钟声空泛、疲软、没有感召力。"住持认为，好的钟声不仅要响亮，而且要圆润、浑厚、深沉、悠远。

小和尚犯的错误，很多职场人士也在犯，就是认为只要完成工作就好了，而不去管工作成果是否是公司所需要的。

这样做的结果轻则就像小和尚一样被调岗，和升职加薪无缘，严重的还可

能被公司辞退。

因为每个企业都有自己的发展目标，具体包括对社会的贡献目标、市场目标、开发目标和利益目标，而这些目标是由每个员工的工作成果组成的。

而所谓的“工作成果”，在我看来，大的层面就是未来的远景和目标，小的层面就是做一件事情产生的结果。

以一家软件销售公司当月要完成 100 万销售额的市场目标为例，20 个销售人员的工作成果就是每人至少完成 5 万元的销售额，这 5 万元就是每个销售人员的工作成果。

一个员工单纯地做事只是在完成任务，充其量得到的是苦劳，而其做事的结果才是判断有无功劳的基础。管理专家也指出，老板在加薪和提拔时，往往不是因为你本职工作做得好，而是你做出了哪些工作成果。

说白了，你是不是一个优秀的员工，除忠诚以外，更大程度上还需要你做出工作成果，为公司创造价值。

完成任务≠有工作成果

工作中，经常听到员工说“我已经按照您说的做了。”

比如，领导让你给客户回复邮件，你很快就回复了，然后你就认为任务完成了，却没有去想领导让你回复邮件的目的是什么。

领导要的结果，一定是要确保客户收到这份邮件，而不是你发了就结束了。

“确认客户收到并回复”就是你的工作成果，而大部分人只停留在回复邮件这件事本身。

在我 10 年的职场生涯中，见过形形色色的人，但有一种人，往往职场之路不是很舒畅，那就是只为完成任务而不愿意为结果负责的人。

2013 年，我的工作非常忙，有人统计过，我每天同时处理的事情有 60 多件，几乎除了吃饭睡觉，都在工作。

但年终考核时，我的业绩表现非常差。因为统计工作成果的时候，我居然罗列不出多少。每天忙碌的那些事情都是为了完成任务，出成果的却很少。

印象很深的就是对团队的管理，当时我负责整个销售团队，我的工作任务里有开晨会、看统计报表、追踪员工的客户拜访情况、更新销售话术等，但我忽略了我的工作成果是每月的销售业绩，所以才会沉迷于完成一个又一个的“任务”。

反思后发现，我过于注重做事本身，只为完成任务而忽略了结果，不关注功劳，仅在意苦劳。

说到底，我制造了一个忙碌假象，虽然辛苦但却碌碌无为。

很多人都有过我这样的经历，甚至还会吐槽说：“我已经尽最大的努力了”“我该做的都做了”“我已经按流程做了”。其实没有工作成果你完成再多的任务意义也不大。

你对工作的看法，决定了你的职场结局

有人说：“一个人的看法，决定了做法，而做法决定了活法。”

这里的看法，其实就是认知，一个人的认知能力决定了这个人的格局。

你上班是为了完成任务，还是要出成果，就是由你对工作本身的认知决定的。

你认为工作只是按部就班地完成任务，你的做法就会像那个撞钟的和尚一样；你认为工作应该全力以赴拿到最好的成果，你的做法就会像淮阴师范学院的那位宿管阿姨一样。

淮阴师范学院有名宿管阿姨叫赵艺，为了吸引更多同学们围观例行的通知，她坚持把小黑板的通知用段子写出来，被学生亲切地称为“赵美女”“赵三岁”。

我们都知道，黑板是用来写一些例行通知的，这个阿姨为什么要写段子呢？这本不是她的任务。

原来，是因为平时同学们不爱看“无聊”的通知，她写一些有趣的段子吸引同学们看黑板，这样她再写一些通知，看的人就多了。

阿姨是为了实现其工作成果——“能有更多人看她的黑板通知”才想出这

个办法。

试想一下，如果她不想为自己的工作成果负责，就会像网友们说的那些宿管阿姨一样，只会催电费，绝不会挖空心思用写段子的方法吸引同学们多看黑板上的通知。

认知不同，做法自然不同，就会得到不同的结局。

该如何以工作成果为导向

没有结果的努力都是无用功，在公司中，只有每个人为自己的成果负责，公司的目标才能实现，越做越好。

那么，具体怎么做呢？

1. 明确自己要完成的工作成果。

在《原则》这本书中，作者说，一个员工要明确自己的职责，其实就是要明确工作成果。

也可以理解为，你要搞清楚来这个公司是干什么的。

如果不清晰应该承担的工作成果，要及时和上级确认，如果因为一些形势变化或者工作变更而导致自己的工作成果不明确，更需要和上级明确，避免角色错位。

2. 定期检视自己的工作成果。

努力了不一定就会有成果，所以，你需要定期整理自己的工作成果。这样才能提前发现问题并作调整，唯有做到落实有时限，全程有检查，最终才能有成果。

检视周期因人和岗位不同而不同，我负责销售团队时，每天都要统计业绩。开始负责项目管理后，工作成果的检视周期就是每周。

总之，便于你及早发现当下的行为是否有利于完成工作成果的方法都是可以的。

3. 要学会顺理成章地展示自己的工作成果。

很多人认为邀功是不够谦虚的表现，以前我也这样认为。

但职场不是学校，邀功其实是展示自己工作成果的一种方式。

当我们进入一家公司，实际上就是接受了一项公司交给的任务，首先我们应该清楚，不只是完成任务就可以了，而是应该思考如何创造更多的工作成果，继而得到更多的回报。

我们唯有对自己负百分百的责任，工作才会有好的结果。在职场中很成功的人都有一个共同特点，那就是对自己负责，对工作成果负责。

02

一个人真正的成长是精神的成长

精神层次越低，越喜欢得理不饶人

得理饶人，放对方一条生路，给对方一个台阶下，为对方留点面子和立足之地，这样做还能给自己带来很多好处。

01

昨天通过滴滴叫了辆快车，从福田口岸去市民中心。

由于中午没睡午觉，上车后我就睡着了。

迷迷糊糊地被司机很不耐烦的声音吵醒，告诉我到了。我睁开眼睛一看，根本不是我要去的地方，我就和他解释，这不是我要去的地方。

他坚持要我下车，因为他是按照我叫车时输入的目的地导航过来的，按照系统提示，现在已经到了。

那会儿外面正下着大雨，我恰好没有带伞。我打开窗户仔细看了下，初步判断确实是在市民中心附近，但并没有到我要去的广场。和他确认目前他还没有接到新的订单后，就和他商量，让他送我到广场附近。

“你下车吧，我已经按照你的要求把你送到了。”无论我怎么请求，他都不愿意送我。

其间因为无法停车，他只能慢腾腾地往前开，一边继续催促我下车。

对于一个出门爱迷路的人来说，想到下雨天被中途搁在路边，简直快崩溃了，我不停地和他说：“我开手机导航，你把我送到目的地，滴滴会计费的。”

“下去吧。”我正准备打开手机导航，他忽然打开车门请我下车，原来他找了个能临时停车的地方。

万般无奈，我只能下车，然后眼睁睁地看着他开车扬长而去。

按理说，他这样做没错，我选择目的地的时候并没有注明是广场的哪一个入口，但当外面下着暴雨，我没有带伞，他也没有接到新的订单的前提下，他继续将我送到我想要去的地方，有那么难吗？

有人说，精神层次越低下的人，心灵边界越褊狭，越喜欢得理不饶人。

而李强在《成功人际关系》也说过："得理不饶人，赢得是道理，输的是感情。"

每个人的价值观、生活背景都不同，因此生活中出现分歧在所难免。有些人喜欢"得理不饶人"，然而虽然表面胜利了，实际上却输掉了别人对你的信任和尊重，得不偿失。

02

待人处事固然要"得理"，但绝对不可以"不饶人"。

那些精神层次高的人，都懂得留一点余地给得罪自己的人，不但不会吃亏，反而还会有意想不到的惊喜和感动。

《那年花开月正圆》里面的周莹，在其不断逆袭的过程中，收拢人心最常用的方法就是"得理饶人"。

她支持官府筹建机器织布局，将吴家所有的积蓄全投进去了，没想到却被阻挠者挑唆的工人们砸了机器，血本无归，当她又一次重建织布局，却恳求官府放了那些闹事的工人们，而且还邀请他们加入机器织布局，并且当众承诺，不愿意加入的，领了银子就可以回家。

当大家反应过来她说的是真的，纷纷都选择了加入。

周莹明明是占了理，而且官府也准备重罚这些人，她却选择了原谅他们，算得上是得理饶人。

看似她有些吃亏，放过了"伤害"过自己的人，但其实，她不仅收获了很多有着丰富工作经验的织工，还彰显了自己的宽容，扩大了影响力。

生活中也有很多人像周莹一样懂得这个道理，我上班的时候有个领导，就是这样一种人。

我记得很清楚，当初我们团队刚转型做互联网软件销售，对于一对一直接向客户销售，我并不擅长。

有一次，他安排我去跟进一个客户，在去之前，他详细和我交代了客户的情况，并且提前和客户打了招呼，但是我到了客户那里，由于紧张，还是报错了套餐的价格，让客户觉得我太不专业了，最终没有成交。

本以为他会狠狠地批评我，谁知道他只是问了具体过程，就陪着我一起分析哪里做得好哪里做得不好，让我很感动。

其实，得理饶人，放对方一条生路，给对方一个台阶下，为对方留点面子和立足之地，这样做还能给自己带来很多好处。

03

大多得理不饶人的人，往往都是因为心中有怨气。

一旦自己占理，无论是事大事小，受情绪的影响，很容易激动，有时候发脾气仅仅是为了泄愤，这原本就是一个人精神层次低的真实表现。

一次在超市，有位阿姨在挑选西兰花的时候，偷偷拿出了一把小刀，趁身边的人不注意，就用小刀把西兰花比较嫩的部分割下来放到购物袋里，其他部分放回去。

当时我正好也在挑选西兰花，整个过程看得非常清楚。

当时忽然有个服务员冲了过来，是个20来岁的小伙子，猛地抓住那位阿姨的手，那把小刀就暴露在所有人的眼前了："大家都看看，这什么素质？你把嫩的部分都用小刀切走了，剩下的我们怎么卖？"

小伙子明显是故意说得很大声，超市里的人都被吸引过来了，那位阿姨满脸通红，一下子说不出话来。

我劝说那个小伙子别嚷嚷了，可以把阿姨带到一边好好沟通，结果他就是不听，后来我只能去请来他们的主管，这个事情才算平息了。

后来那位主管和我说，小伙子上个月被客户投诉的次数很多，上午开例会的时候被点名批评了，心情不好。

那位阿姨的做法肯定是不对的，但也不是伤天害理的事，工作人员提醒一下就可以避免了，硬是被那位得理不饶人的小伙子闹得让那位阿姨当众丢人，而且还直接影响了超市的正常营业。

《傅雷家书》中有这样一句话："理直也不要气壮，得理也要饶人。"

俗话也说"得饶人处且饶人"，其实就是告诉我们，即使有时很占理，也应该不失风度地考虑一下别人的感受，而不是一味地坚持所谓的"原则"。

勇于承认错误的人，精神层次都很高

01

昨天晚上逛知乎，被一个网友讲述的故事吸引了：

网友叫了份外卖，结果外卖送到的时候，其中一份汤明显少了一半。送外卖的小哥 20 岁出头，一见面就连连道歉，还说外卖的钱，他赔给网友。

原本想发火的网友，见小哥态度诚恳，而且裤子破了，想来是路上出了车祸，就顺嘴说：“来的路上出车祸了吧？你也不容易，别赔钱了，半份汤也能喝。”

意外的是，这位小哥并没有“领他的情”，而是抓着后脑勺，有些不好意思地说：“是我不小心撞到了路边的花坛，所以外卖洒了。”

网友说，这位外卖小哥面对自己的无心之失，自始至终没有提到一句客观原因，一直在道歉，并坚持要赔付。

很多时候，当我们办砸一件事情，虽然肯承认错误，但总会找些原因辩解，说白了，就是缺乏承认错误的勇气，而且随着年纪越大，阅历越丰富，也就越难承认自己的错误，就像人们越来越不敢道歉。

网络小说《听见你的声音》中有这样一句话：“任何有尊严的人都能捍卫自己的信念，但层次更高一点的人，才能毫无保留地立即承认错误。”

这里说的层次，指的是精神层次，和金钱、地位没有关系，就像那位外卖小哥，虽然是普通的一名外卖人员，但很明显，他的精神层次是很高的。

面对所犯的错误，精神层次高的人能勇于承认，精神层次低的人不是找理由解释就是不承认错误。

02

在一次项目总结会上，客户方的副总有一个总结发言，会场的投影布非常大，所以PPT上的每个字都看得很清楚，不巧的是，我方老总的姓名被打错了。

或许前排有人窃窃私语被他听见了，他很认真地校对了一遍，发现真的写错了，对方的项目经理立即圆场说，是他准备PPT的时候粗心了。

而据我了解，那位项目经理平日里做事情非常严谨，这种低级错误是不可能出现的，现场大家都心知肚明，一定是那位老总自己添加内容的时候写错了。

本以为那位老总会承认错误，谁知道，他很认真地对项目经理说："你也太粗心了，下次注意点。"那位项目经理当时尴尬的表情至今我都记忆犹新。

后来私下和他们团队的人一起聊天，才知道那位老总在公司的人缘很差，下属犯了错不承担也就罢了，经常把自己的错也推给下属。

有人说，勇于承认错误是一个人成熟的标志，表明了一个人的谦逊姿态，也有人说，勇于承认错误，是一个人优秀的品德。在我看来，勇于承认错误，说明一个人的精神层次很高。

那位客户方的副总，很明显是比较自私和狭隘的，不愿意主动承认错误也在情理之中，因为他没有底气，也没有自信和气量。

03

《知乎》上有一个话题是："为什么成年人不喜欢承认错误？"

其中有一个观点，我比较认同。大意是说，成年人不喜欢承认错误，主要是因为缺乏勇气否定自己。

是啊，尽管我们都知道人非圣贤，孰能无过，我们每个人都可能会犯错误，但承认错误往往就意味着我们承认自己的不足，或者承认自己在某方面做得不好。这点最难突破。

记得在读《墨菲定律》时，里面对于承认错误是这样说的：“错了就是错了，承认也没什么大不了的。只有认识到自己的错误，才能看到自己的不足。只有敢于承认错误，才能获得进步。”

细细想来，确实有道理。当知道自己错了，敢于承认，才会虚心听取别人的批评和建议，认真反思错误的原因，找到症结所在，努力克服，这样才能避免在今后的工作和生活中不再犯类似的错误，甚至举一反三，减少更多不必要的错误发生。

毕竟和承认错误比起来，如何避免错误才是我们更应该关注的。

就这个观点，我觉得马罗说的也很有道理：“永远不要因承认错误而感到羞耻，因为承认错误也可以解释为你今天更聪敏。”

那位外卖小哥，因为粗心撞在了花坛上，从他承认的那一刻起，他已经拥有了下一次不撞花坛的经验，自然就比之前更聪敏了。

而那位客户方的副总，他拒绝承认写错了客户的名字，自以为很聪明，但在旁人看来，却是最愚蠢的行为。因为他不仅错失了一次记住客户名字正确写法的机会，更重要的是，他在客户和团队面前暴露了自己的自私和修养不高。

有人说，精神层次高的人很善良；也有人说，精神层次高的人很乐于助人……在我看来，精神层次高的人，一定会勇于承认错误，并且从错误中吸取经验教训。

你在朋友圈留言的方式暴露了你的素养

孤另另说："一个人的素养是装不出来的，他往往会在生活里的各个角落暴露无遗。"事实也是如此。

或许你在大家面前表现得善解人意、体贴入微，看上去非常有素养，但有可能你在朋友圈留言这样细小的行为，会暴露了你素养低。

01

小李发了一条朋友圈，大意是说，国庆出游，民宿的枕头质量不好，落枕了。

不一会儿，有一大堆人点赞。

其中，小伟长长的留言显得格格不入。

出于好奇，我仔细读了小伟的留言，他居然就如何减轻落枕带来的疼痛提供了好几套解决方案，而且，还特别提醒小李如何做才能避免落枕。

现在越来越少的人发朋友圈，看朋友圈的人也不多了，愿意留言的人就更是少之又少。

顶多就是针对重要的人发的朋友圈点个赞，就算留言，也很少像小伟这么认真的。

我特别翻看了一下我和小伟共同朋友的朋友圈，发现一个现象：但凡是有小伟留言的，内容都极为用心，或提供建议，或表示认同，从来不盲从点赞，也不刻意讨好。

有朋友国庆期间参加了为期三天的培训课程，是关于领导力的，课程结束，在朋友圈发了几张上课期间的照片，小伟留言说："觉得你近期的工作状态越来越好，原来是在默默充电啊！"

这条留言相比那些表示羡慕、盲目点赞的，明显多了一份真诚，至少说明他也认同学习充电这件事情是有助于个人成长的。

其实，现在已经很难从谈吐和穿着上看出一个人的素养，因为大家都很擅长将最好的样子留给外人看，真实的一面反而被隐藏起来了。

朋友圈留言的方式，虽然是一件极细小的事，却是素养的照妖镜。

02

从来不给别人的朋友圈留言的人，大家顶多会认为他比较忙或比较高冷；一言不合就怼人刷屏，会暴露一个人的不和善、脾气暴躁；而公然留言讥讽别人还暗自高兴，则是没有素养的表现。

小然最近就遇到了一个"奇葩"朋友，大半夜给我发微信吐槽。

"有个久不联系的朋友，居然在我朋友圈留言说我炫富。"小然显然很气愤。

国庆假期，小然一家去了莫斯科，由于全家人都不是很喜欢这个城市，于是小然发了条朋友圈，大意是说，这是一个来了一次再也不想来的城市。

朋友都纷纷关心是不是发生了什么事情？

而那个朋友，居然写了一段长长的留言，说小然真爱炫富，不就是出个国吗？还非要说不喜欢那个城市……

"我已经把他拉黑了。"小然说，"发朋友圈是他的自由，选择看和不看也是我的自由。这样素养不高的人，我永远也不会进入他的世界。"

所以，不要小看一个人在朋友圈的留言，留言最容易看出一个人的风度和教养来。

03

素养高的人，往往会用心对待他在朋友圈的每一条留言，对方有开心的事情，他定然表示祝贺，对方心情不好，也会好言安慰。

这样的人，懂得时刻关注身边人的感受，自然在生活中、在工作上都特别能吃得开。

新近认识的文友依依就是这样一个人。

前几天，我读《跃进》的时候，觉得其中一段话说得很有道理，就顺手发到了朋友圈。

她在下面的留言是："亲爱的，你已经非常棒了，不要给自己压力。"

坦白说，看见那句留言，我的眼睛湿润了，虽然我们认识时间不久，但是她却通过我发的那段文字，读到了我内心深处的情感。

发那段话的时候，我确实是觉得自己还有很多地方做得不够好，还不够努力。

唯有相识不久的她读懂了。

依依虽然不是对看见的每一条朋友圈都留言，但每一条留言，她都会认真对待。

听说有一次他们老板发了一个朋友圈，请教孩子久咳不好怎么办？同事们的留言全都是表示关心，唯有她，认真收集了好几个偏方，还通过表姐的介绍，找到了一个有经验的老中医，并且将电话号码也写在了留言里。

后来部门经理离职，内部提拔的时候，老板首先就想到了她。在老板看来，一个连朋友圈的留言都这么认真对待的人，工作上也一定会更有责任心。

由此可见，在朋友圈留言的方式，不仅可以暴露一个人的素养，还有可能助力一个人走向成功。

04

记得华江熠在《真实的信仰》中说过这样一段话："一个人的素养跟内涵往往会在生活中不经意体现，尤其在素未谋面的陌生人面前。"

朋友圈就是一个最容易被我们忽略的生活场景，那里有我们的家人、朋友甚至从未谋面的人，你的一举一动都会透露出你的素养。

其中，留言的方式最能看出一个人的素质和教养了。

对方明明不开心，你的留言却是个"笑脸"，这说明你并没有真心体味别人的感受。

朋友晒出了一张结业证书，你却留言问是什么东西，这说明你并没有真正为朋友的好学上进而感到开心。

你的每一条留言，都在告诉大家，你有没有素养。

所以，用心对待你在朋友圈的每一条留言吧！

坚持了半个世纪 5 点 59 分起床的人，会不成功吗

01

早起这几年很流行，我身边有朋友专门经营早起打卡群，带领一群人早起。

几个月前，我也开始每天 5 点 40 分早起，坚持了一段时间，又耽搁了。刚开始是把闹铃关了继续睡会儿，再到后面，压根就听不到闹铃响了。

所以我就越发佩服能够持续早起的人，尤其能将早起坚持了半个世纪的李嘉诚。李嘉诚有个著名的时间表，无论前一天多晚睡觉，第二天都会 5 点 59 分起来。

我看过采访他的一个视频，他起床后，就会去打高尔夫，这个习惯差不多坚持了半个世纪。

不说别的，单是这份毅力和自律，如果你也可以做到，就算无法有李嘉诚那样的成绩，人生一定也差不到哪里去。

美国国家睡眠基金会发布的一项睡眠调查结果显示，在工作日的早晨，30 岁 ~50 岁的人表示自己在 5 点 59 分起床，而 46 岁 ~64 岁的人则在 5 点 57 分醒来。

知乎上有一个“自控力极差的人如何自救？”的提问被 11.0065 万人所关注，截止我写这篇文章，一共获得了 645.3145 万次的浏览量。

我仔细想了想我身边很优秀的人，都会选择早起，几乎很少听说有爱睡懒觉这个习惯的。我曾问过一个像李嘉诚一样将早起坚持了半辈子的前辈，为什么他能这么坚持？

他说，其实不是他能坚持，而是自控力比较强。

他还举例子说，一个没有自控力的人，就会把自我放纵当成是在追求自由，其实那不过是给自己怕吃苦找了一个好听的借口。

是啊，谁不愿意待在温暖的被窝里刷手机，可是一个无法早起的人，又如何能够掌控自己的人生呢？

02

网上有一句话我觉得很有道理：很多时候，拉开人与人之间距离的，不是才华，不是机遇，而是自控力。

就说写作吧，写作的人都知道一口气写完一篇文章是最高效的。但在写的时候，还是忍不住刷手机，或者想吃点东西，甚至会忍不住东张西望……

我也不例外，就这篇文章，我是在朋友的咖啡厅写的，中途我起来喝了两次水，点了一次小吃，还忍不住跑到户外透了口气，整整比原本规划的时间多用了一个小时。

我这还算好的，自控力更差的人，可能一天都完不成一篇文章。

类似的例子其实在我们每个人身上都会发生：你计划好了要早起跑步，但是闹铃响了就是不想起；你计划好了要集中阅读，还是忍不住刷手机……

不要小瞧看起来很简单的“自控力”几个字，做到还真的挺难的，而且它影响的也是我们生活中的方方面面。尤其是在这个充满诱惑的时代里，做个自控力强的人，原本就不是一件容易的事。

尼采曾经说过这样一句话：“自制即控制自我。也就是说，你要抵制盘踞在心中的欲望，不被欲望所左右，成为自己行为的主人。”

人这一辈子，其实属于我们的东西并不多，欲望太多，只会给你的人生增加负累。

最近一个朋友遇到了一个两难的选择，问我怎么办。

她们公司在外地新开了一个分公司，准备派她去做分公司的经理，她一方面觉得这是个非常好的机会，一方面又担心离开家无法陪伴孩子，很难选择。

我告诉她，有得有失，人不可能什么好事都占全，不能贪心。

其实这个道理她也懂，只是难免被欲望左右。

后来她选择了放弃那个机会，因为她认为 3 岁多的女儿更需要她的陪伴。

这些年我有个发现，就是智慧的人都知道如何控制自己的欲望，能够在合适的时机选择放弃，也能够果断地选择自己的人生方向。

03

到底什么是自控力呢？

我觉得首先是要知道自己现在最重要的事情是什么，其次是当遇到一些诱惑的时候，能够坚守内心，不轻易被人影响。

因为越是缺乏自制力，越是过得不自在。

有个读者在微信上和我说，自己是一个执行力特别差的人。

他现在在读大三，已经确认了要考研，但是每次到了自习室，有同学喊他打球，他就会忍不住跑出去玩。玩过之后，又很自责，觉得自己浪费了本该用来学习的时间。

他这其实就是典型的会间歇性忘记当下对自己最重要的事情，当有诱惑来临，就无法坚守内心了。

某猎头公司的执行 CEO 詹姆斯·希特林，曾做过这样一件事情。

他给 20 个他欣赏的企业高管们发了邮件，问他们是如何安排早晨时间的，有 18 个人回复了他，其中起床最晚的人平时在 6 点钟起床。

百事可乐董事长兼 CEO 斯蒂夫·雷尼蒙德每天 5 点起床，然后在跑步机上跑 4 英里（约 6.4 千米），足足跑了几十年。

他们和李嘉诚一样，都坚持早起，尽管他们早起后的安排不同，但无一例外都是自控力很强的人。

有人说，一个真正强大的人，并非看他能做什么，而是看他能掌控什么。一个能控制住自己的人，才能掌握自己的命运。

而且，一般来说，能力越强层次越高的人，其自控力就越强。

所以，从今天起，做一个有自控力的人吧。对自己狠点儿，比如坚持锻炼，坚持阅读，坚持写作，坚持早起，坚持管理好自己，你一定会有一个不一样的人生。

你身上的每一寸“赘肉”，都是向生活妥协的“证据”

01

2018 年 10 月份，我正式成立了写作工作室，结束了单打独斗的生活，本来以为会轻松点，谁知道越发累了。

每个客户的稿件都要亲自检查校对，一会儿是人物稿，一会儿又是网红产品的文案，当时还要负责点评学员的新媒体文章，整个人忙到没有白天黑夜。

熬夜、饮食不规律、没有时间健身……结果可想而知，我之前辛苦健身好不容易瘦下来的身材，又“发福”了。

大概一个月前，老朋友来见我，吐槽我怎么又胖了，我心里也挺委屈的，就解释说，真的没有时间去锻炼。

“明明就是你自己向生活妥协了。”她“恶毒”地说，你妥协的证据就是你身上的“赘肉”。

说实话，这句话之前在网络上很流行，我也觉得很有道理，但是这句话被用来说自己，心里还是非常难受的。

但难受归难受，理性来说，我知道朋友说的是实话。

因为生计疲于奔命，我下意识地就降低了对自我的要求，身材什么的，都不重要了，一心只想先做好事情。我选择了将就和低头，这本身就是对生活的一种妥协，毕竟生活不只有工作，还要懂得爱自己。保有一个好的身材和健康的身体，就是爱自己最直接的表现，但是我放弃了。

这让我想起当时另外一个朋友，她在失恋后，长期沉浸于痛苦无法自拔，整天暴饮暴食，原本是模特般的身材，就像被吹了气一样，变成了一个大胖子。

整个人也因此变得阴郁，自怨自艾，身边的朋友都慢慢地远离了她。

想想自己和她又有什么区别呢？

意识到这一点，我重新开始注重控制饮食，写作累了就做平板支撑，尽量每天出门活动一会儿。

当我这样开始做，体重也随之开始下降，我的工作非但没有受到影响，反而效率更高了，客户也更加满意。

所以，当你开始面对挑战而不是妥协，一切才会变得越来越好，身材如此，事业和生活亦如此。

02

有人说，千万不要惹那些身材好看的人，说的就是一个能管理好自己身材的人，往往也能将工作和生活处理得很好；一般身材不太好的，往往事业和感情也会经营得一般。

看身边的成功人士，大部分都是内外兼修，身材管理得非常好。

据相关报道，《财富》500 强公司的首席执行官中找不到一个体重超标的人。

这些人，不但每天都要处理很多工作上的事情，还要经常出差，能够管理好身材，完全靠自律。据说那些 500 强公司的首席执行官，不管平时多忙，都会抽出时间来进行体育锻炼。

遗憾的是，我们往往只看到那些有钱人的财富和地位，羡慕他们能请得起私人教练，就认为人家身材好是理所当然。

我们忽略了他们是如何在健身房挥汗如雨，又是如何想尽办法抵御食物诱惑的。他们那些让人羡慕的腹肌、人鱼线，都是背后付出了努力才得到的。

严歌苓是我非常喜欢的一个作家，她曾说："形象是女人的纪律。"

无论写作多忙，她都会抽出时间锻炼身体，坚持游泳和跑步。她在餐厅等朋友时，还不忘趴地上做平板支撑。

53岁的郭富城，一直坚持每天跑步半小时，每次到外地，都要住24小时开放健身房的酒店。据说要是酒店没有健身房，他就自备绳子在房间跳绳。

这是何其的自律？

自律背后，就是一个人不向生活妥协的倔强，而生活从来就是你强它就弱，你弱它就强。

所以，更是不敢有丝毫懈怠，更容不得我不行。

有些路看起来很近，其实你走下去很远，缺乏自律是走不到头的。比如保持健美的身材，不要让赘肉缠身。

而当你管理好身材，你也就管理好了自己的人生。

03

这几年还有个词很流行，就是佛系。有些“胖子”认为自己是佛系的，胖点也没事。继而对于是否能够赚钱也是佛系的，说自己不物质，不爱钱。

其实说白了，这就是借口，就是你懒，就是你没有能力赚钱。

之前在健身房见过一个女孩子，那是真的很胖，她陪闺密来咨询报名，闺密建议她也一起报名，一起减肥。

“我对身材是佛系的，我觉得挺好的，要减你自己减。”我记得很清楚，她当时喝着可乐，刷着手机，想都没有想就拒绝了闺密的建议。

后来我锻炼的时候经常遇到她的闺密，偶尔也能见到她来健身房找闺密，闺密的身材一天比一天好，而她，越来越胖。

再后来就听说她平时上班时间刷剧，被公司辞退。她也懒得投简历，找了好几个月工作没找到，就离开了深圳，回到了四线城市的老家。

是啊，懒得减肥，懒得好好上班，懒得找工作……把所谓佛系当成自己不想努力无法自律的借口。自以为能游戏人生，却不曾想过，自己被人生玩了。

在你的身边，是不是也有这样的人？

他们管不住嘴也迈不开腿，所以身材一塌糊涂，继而生活也过得一塌糊涂。

当一个人对生活绝望失去斗志的时候，往往是最容易发胖的。

所以我们看看电影电视剧，一般男女主角受到重大挫折，就会暴饮暴食暴胖，而一旦从痛苦中觉醒，就会励志减肥，先把身材管理好。

你身上的赘肉，就是偷懒和向生活妥协的证据。

学会这三种思维方式，你会变得越来越值钱

周末碰到了自己创业的朋友牛一，他讲了两个员工的故事，对我触动很大。

牛一的公司是做软件开发的，前段时间拿下了一个大客户，对方要求技术人员必须到现场支持。

他分别找两个适合的工程师沟通这件事情，其中一个很积极，表示愿意参与。另外一个认为这是公司额外增加给他的任务，表示不加工资就不愿意去。

无奈对方要求立即派人去，他只能答应那个人涨工资的要求。结果，两人到了客户公司，没多久客户就投诉那个要求加工资的员工工作态度不好，消极怠工，要求换人，牛一直接就把他辞退了。而那个积极的员工也被升职为主管，整体负责项目的技术研发。

“那家伙压根就不认为这对他是个成长的机会。”牛一说。

由此可见，同样的一件事情，每个人因为看法不同而导致结果不同。这其实就是思维方式不同导致的。

思维方式直接影响一个人对人、事、物的看法和认知，就如同一个“滤镜”，决定一个人能“看到”什么，继而决定了一个人的言行。

优秀的人，都善用这三种思维，让自己变得越来越值钱。

系统思维

生活中，常常会有人被吐槽“做事缺乏系统性和条理性”，我就是其中一个。

后来我才知道，这其实是对一个人行为模式的描述，背后隐藏着一个人的

思维方式。一个做事缺乏系统和条理的人，意味着是没有系统思维的人。

曾经，一个新项目上线，我负责统筹安排，参与的有产品策划、设计、技术研发人员、项目管理人员，起初我带领他们各自定目标，定执行计划，看上去每个团队的目标和计划都很完美。

结果很快就出现了问题，由于大家是各自定的目标和行动计划，不同团队之间彼此的信息又没有互通，很快就闹出了一系列的乌龙。

设计部门派了人员后，产品策划还没有出原型图，导致那位设计师白白等了一个星期，而项目管理人员又将我们的进度计划同步给了客户，最后的结果可想而知。

当时我很沮丧，不知道到底哪里出了问题。

后来，有个在其他公司做高管的前辈告诉我，我错就错在没有用系统思维去处理事情。

于是，我专门学习了系统思维。原来就是要把对象的互相联系的各个方面及其结构和功能进行系统认识的一种思维方法。

应用在具体工作中，就是对待任何事情都要立足整体，把着眼点放在全局上，注重整体效益和整体结果。

而我犯的最大错误就是把整个项目的统筹安排割裂开了，导致了资源的浪费不说，还耽误了项目进度。

意识到这点，我立即组织所有人员统一开会，梳理项目节点并制定具体的行动计划，当我用系统思维重新调整了项目安排之后，各个环节配合更加紧密，最后项目还提前完成了。

有位专家说，真正的高手，都是有系统思维的人，这点我很认同。

朋友小丽就是这样一个人，她毕业后在一家公司做总经理助理，业余时间开始学习写作。由于接触到形形色色的人，所以她的职场文写得非常好，稿费都高过工资了，后来还做了自媒体，现在被一家大平台挖去做主编了。

我向她取经，她说，她是用系统思维的方式思考的，这让她面对一件事情时，看得更远，看得更透。

多元思维

身边大多数人都只使用学过的一个学科的思维模型来解决问题，也就是试图用一种方法来解决所有问题，显然是不可能的。

商学院的同学小刘开了一家印刷厂，因为外贸政策的调整，这几年业绩不断下降，他开始拓展国内业务，招业务员、做网络推广……

然后他发现，自己要懂心理学、管理学才能管理好90后的员工；要懂营销理论，才能做好网络推广；就算是外包给专业的公司做，他还要懂得如何和对方商议合同条款，懂得项目管理……

这其实就是查理·芒格提出的“多元思维模型”，要求人们要在头脑里形成一种思维模型的复式框架，要知道重要学科的重要理论，处理问题时，要经常全部都用上，而不是只用几种。

据说，查理·芒格的投资分析工具糅合了许多来自各个传统学科的分析工具、方法和公式，这些学科包括历史学、心理学、生理学、数学、工程学、生物学、物理学、化学、统计学、经济学等。

我们普通人虽然掌握不了这么多的学科，但遇到问题，从多角度尝试解决，效果会好很多。

心理学表明，对于不符合你思维模型的事情，你将会扭曲现实，直到它符合你的思维模型，或者至少你认为它符合你的模型为止。

这点我非常有感触。

记得我刚开始学习写作时，文章发到朋友圈，每次都是那么几个人点赞。这让我很郁闷。

当时我还专门写了一篇文章吐槽，认为这是他们不懂，不识货。

后来我通过“在行”约了知识管理专家萧秋水老师，才明白原来我的文章基本上都是自嗨的，根本没有给读者提供太多的价值，大家不愿意读是情理之中的。

然后我又报读了汤小小老师的新媒体写作课，我才知道，每个标题、每个段落要融入营销学、心理学等很多个学科的基本原理，并不像自己原来想的那样，只要能够将心情转化为文字就可以了。

而且，也正是由于我没有多元思维模型思考问题，所以才会将自己的文章阅读量不高归于读者品味不够。

这样的例子在生活中举不胜举，就像那句我们熟悉的谚语说的一样，在手里只有铁锤的人看来，每个问题都像是一个钉子。

单点聚焦思维

朋友王军最近很郁闷，他说自己坚持看书、学习，工作也很努力，每天都很累很忙，但还是一无所成，赚不到钱。

我详细了解了他正在学的课程后，找到了答案，那就是他太不聚焦了。

他学思维导图、演讲、写作、手绘，工作是在一家小公司做行政，但人事的工作也做，看起来会的挺多，其实哪一个都不专业。

所谓千招会不如一招绝，说的就是一个人要拥有单点聚集的思维。

《定位》这本书中讲过，每个公司只有一个关键词。

比如腾讯，就是“社交”，360 就是“安全”，百度就是“搜索”，而京东就是“直营电商”。

个人也是一样的。

你不需要学很多东西，也不需要把各个领域的东西学完，你能把一件事情做到极致就是高手。

前几天约见了一个朋友，他从 2011 年就开始运营公众号了，而且在团队中，他只为涨粉负责。

为了涨粉，他设计了一套又一套的玩法，线上线下都有，很多方法在我看来都不可思议，但他依然觉得自己还有很多值得提升的地方。

“我最大的兴趣就是研究如何涨粉。”他告诉我，“在团队中他们都有明确的分工，每个人都有擅长和专业的领域。”或许这也是他们企业运营很好的一个原因吧。

李小龙说过：不怕会一万招的对手，就怕一招练一万次的敌人。

所以，不管你是做什么的，都需要聚焦，别想着自己什么都会，什么都行，可是到头来什么都不会，什么都不行。

因为就算在一厘米的地方深挖下去，你就可能超越大部分的人。

真正厉害的人，都是“雌雄同体”

雌雄同体不是指身体，而是指心理，是一个人既有本性别的特征，又揉进了另一性别的优点，看待世界，不是站在单一性别立场，而是兼具双性性格立场。

01

从小，我们就被教育男孩要有男孩样，女孩要有女孩样。在我们懵懂的青春期，娘娘腔和假小子，总是被周围人不齿。

人们总是希望男孩成为符合传统价值观标准的男人，期待女孩成为符合传统价值观标准的女人。

初中时，班上从内地转来了一个男孩子，画画厉害，唱歌跳舞更是比很多女孩子还要柔美，平日里的穿衣打扮，也喜欢鲜艳的颜色。

而且他还喜欢和女孩子玩，我就是其中的一位。

很快，他就被周围的人冠上了“娘娘腔”的绰号，几乎所有的男生都不和他玩了。

他的成绩非常出色，和那些青春期躁动的男生一下课就跑出去看漂亮女生不同的是，他喜欢默默地待在座位上看书。

那个年代，像我这样出身的孩子，课外书几乎是没有的，他就变成了我的“图书馆”。

遗憾的是，老师请他的家长来谈了一次话之后，他就转学了。

我们彼此留了QQ，陆续得知他一个人骑行去了西藏，还独自去了日本，当年他和我说的那些梦想，都实现了。

他穿着大红色的冲锋衣比着 V 字手势在西藏的那张照片，我看了很久。

的确，事隔多年，他看上去依然有些“娘娘腔”。

且不说衣服风格趋向于女性化，还打了耳洞，单就说他对生活细腻的感悟，以及他感性的性格，常常会让我误以为他就是一个女生。

但他这些年用力追求梦想的坚持，对待选择的决断力，却也胜过很多男人。

后来我才知道，形容他这类人有个词——“雌雄同体”。

遗憾的是，长久以来，人们都更重视性格的一致性，所以男人身上的女性气质或女人身上的男性气质都不被认同，甚至他们会被孤立，和人群格格不入。

其实，单纯从生理特征把人简单地分为男人和女人的思维，是比较低级的认知。高级的认知认为，真正厉害的人，在心理上都是雌雄同体的。

他们一方面具有本性别的特征，另一方面，又有另一性别的优点，于是他们看待世界的角度就更加全面系统，不是站在单一性别立场，而是兼具双性性格立场，自然要比常人看得更远更深刻一些，人也会变得越来越平和。

02

著名心理学家荣格，是最早观察到人类心理是具有雌雄同体现象的。

他认为，在男人伟岸的身躯里，其实生存着阴柔的女性原型意象，叫作“阿尼玛”，而在女人娇柔的灵魂中，同样也隐藏着刚毅的男性原型意象。叫作“阿尼姆斯”。

“我们每个人的心灵结构，都被上帝预装了这样一套双系统。”荣格说。

所以那些将双系统应用得好的人，会更容易获得异性的青睐，因为他们具备双性心理，不仅拥有自己性别的优势，也占有了另一性别的优势。

在我看来，雌雄同体最典型的代表就是贾宝玉了。

他外表上须眉男儿，内心却比女孩还温柔多情，动不动就触景生情，迎风洒泪，比很多女孩还玻璃心。

整天就和姐妹们混在一起，以至于连贾府下人们都在背后说他“一点刚性都没有”。

这也是我当初看书的感觉，记忆中除了林妹妹，就数他最爱哭了，而且还是默默流泪型。

但就是这样一个不像男人的男人，迷倒了林妹妹和薛宝钗这两位红楼梦里最优秀的女生。

这让我想起以前在《读者》上看到的一句话：“男人吸引女人，往往是阳刚附带的温柔和细心，而女人迷倒男人，往往是温柔之外的独立和坚强。”

细细想来很有道理，女人固然迷恋男人的雄性特征，但更渴望被男人细心呵护，而唯有具有女性心理特征的男人，才更懂得女人的心。

这也是暖男为什么那么受欢迎的原因。

传统文化教育男人要有责任撑起一个家，于是越来越多的男人在家里真的变成了一座山。

忙碌在厨房里的女人，也需要男人一句暖心的话，不懂得的男人反而抱怨女人的要求越来越高了；那些懂得女人心的男人，会让女人更有安全感，自然也更容易拥有幸福的爱情和婚姻。

而拥有男人心理特征的女人，则更容易理解男人在外打拼的不容易，会在男人作重要决策时贡献自己的智慧，甚至在遇到困难时，有力量一起承担。

仔细研究就会发现，这些所谓雌雄同体的人，面对爱人，他们整个人看起来既有本性别的优势，又蕴含异性的特质，在人性上会更丰富和完整，也会更懂得另一半，自然也就更容易获得幸福了。

03

在古希腊神话里，人类原本是男女同体的，由于神灵的惩罚才将人类分成了两性。

于是就思维层面被分为两种思维：一种是男性思维，另一种是女性思维。

男性理性重结果，女性感性重过程，而无论男人还是女人，在应激状态时下意识会采用男性思维方式，而在舒适状态时采用女性思维方式。

柯勒律曾说："伟大的脑子是雌雄同体的。"

而周国平也在《碎句与短章》中写到，在气质上，女性偏于柔弱，男性偏于刚强；在智力上，女性偏于感性，男性偏于理性，而许多杰出人物是集两性的优点于一身的。

所以雌雄同体的人，眼界会更广，能看到单体看不到的很多面，继而其格局会更大，成就自然也是异于常人的。

这点我最欣赏的就是杜拉斯了。

在她的作品中，我们既可以感受到其身为女人对女性气质的特定表达，又会被她在书中展现的传统意义上男性独有的主动、大胆、欲望折服。

这和她本人兼具双性特征是分不开的。

生活中的杜拉斯是有情人，也是个温柔、善良、能干的妻子和母亲，对于自己的孩子，杜拉斯柔情似水。而且，她还做得一手好菜，知道在哪里可以买到巴黎最好的(也是最便宜的)猪尾巴，她会做美妙的熟肉馅点心和越南米饭。

杜拉斯，拥有这些女性特征的同时，她头脑中的"男性因子"也从她对政治的热衷上表现了出来。

她获得过巴黎大学法学学士和政治学学士学位，"介入"过各种政治运动，是个敏感的狂热分子，参加过弗朗索瓦·密特朗领导的抵抗运动，还反对过戴高乐政权。

她曾说过，我不知道还有什么比搞政治或者说按照自己的意愿去搞政治更幸福、更令人心醉神迷的事情了。

由此我们可以看出，杜拉斯作为一个作家，正是她兼具男女的特质，才为我们创作了这么多耐人回味、独具特色的作品。

杜拉斯如此，已经离开我们的张国荣又何尝不是如此呢？

他在《霸王别姬》对程蝶衣痴情入骨的演绎已成为传奇一般的存在，一颦一笑都那么惹人怜爱，于是就有了"张国荣之后，再无程蝶衣"的说法。想来这绝对不单单是因为戏剧妆容，没有对女性心理的感同身受，又如何演绎出让人念念不忘的程蝶衣呢？

想来所有人都不会忘记他 1997 年的那场跨越演唱会，舞台上彰显中性打扮的形象挑战了所有人的感官，大量闪片元素、浴袍、红色高跟鞋……这种大胆张扬不单单是对扮相，而且是对艺术本身的一种尝试和超越。

记得他曾说过，最高的艺术境界是雌雄同体的。林夕也说，性别不是个特别值得执着的问题。

正是因为有这些人，不拘泥于传统的性别，兼具了两性的心理，才在不同的领域不断突破和创新，为大众带来更愉悦体验的同时，个人的事业和造诣也不断达到一个又一个新的高度。

04

正是因为有这么多厉害的人为先例，于是网上有人疯传，想要成为厉害的人，就必须要雌雄同体，得拥有另外一个性别的优势。

但毕竟不是人人都能成为芙烈达·卡萝，我觉得，想要成为所谓的雌雄同体的人，首先就要把自己的性别优势发挥到极致，然后再去学习另一个性别的优势，从而使自己刚柔相济，雌雄同体。

周国平先生也持同样的观点，他说，雌雄同体的前提是保持本性别的优点，丢掉这个前提，譬如说，直觉迟钝的女人、逻辑思维混乱的男人，就很难优秀。

回想一下我们身边那些优秀的男人或者女人，是不是首先他们身为男人或者女人，在本性别中就很优秀呢?

而那些本性别都没有扮演好的人，想要雌雄同体就更不可能了。

之前在天涯上看过一个故事，是一个男网友写的。

他大学时谈了个女朋友，毕业后两人留在同一个城市工作。

自称很懂女人心的他，为了给女友足够多的安全感，不上班留在家里照顾女友。每天早起做早餐，中午做好饭送到女友的公司，在女友下班回到家之前准备好晚餐。

结果，女友多次让他出去工作无果后，选择了和他分手。

他跑到天涯上来吐槽，说自己这也算是雌雄同体了，身为男人，却能像一个女人一样关心体贴自己的女友，他有什么错?

其实，拥有女性的心理特征没有错，错就错在他忘记了自己首先要拥有男人的思维，比如更理性地控制好自己对女友的依赖，至少要有份工作。就好比一个人一定是要把自己的事情先做好，才有多余的精力去帮助他人。

仔细观察生活，你会发现那些厉害的人物往往都能男女两种思维方式切换自如，而不是单纯地拥有一种思维。

毕竟很多美好的品质，并非是男人或女人才能独有的。前提是，要花大量的时间和精力提升自己，在生活的打磨中，拥有另外一套灵魂系统，才能达到雌雄同体。

祝愿我们每个人都能像女人一样爱自己，爱生活，同时又要像男人一样面对这个世界，坚忍对待生命。

最高级别的安全感是你拥有选择的权利

拥有选择的权利才是最高级别的安全感

有一个叫蔡燕航的海归社会学博士，放弃学术做肥皂的新闻一度很火。

他从澳大利亚回国后，放弃了学术研究转型制作手工皂。他的妻子也辞去投资公司工作和他一起做手工皂。

大部分人都表示不理解，好不容易去海外读书还是社会学博士，干吗要去做手工皂呢？

面对质疑，他说放弃学术并不是浪费学历，他之前的经历其实都在影响着他，比如他会回到澳大利亚学习制造手工皂。

他还说："手工皂虽挣钱不多，但做自己喜欢的事很开心，生活方式不一样，没有哪个好哪个坏。"

的确，一个人能做自己喜欢的事当然好，但又有多少人能够选择做自己喜欢的事情呢？

据说他其实是身体不好，所以不想做学术。

在生活中，也有很多人会因为一些原因不喜欢自己的工作或者不适合，但都是因为没有选择的权利，所以只能坚持。

闺密小丽在一家公司做销售，为了拿到更多的订单，总是要不停应酬，少不了喝酒，日子久了，胃有点不太好。

我劝她辞职换一份工作，要不然这样下去身体就垮了。

她说，辞职了不知道要去干什么，两个孩子读书都要钱，她不敢辞职。

小丽是典型的不具备选择权利的人，所以她只能被选择。

这让我想起了龙应台在《亲爱的安德烈》中说过一段关于"选择"的话，

她说："孩子，我要求你读书用功，不是因为我要你跟别人比成绩，而是，我希望你将来拥有选择的权利，选择有意义、有时间的工作，而不是被迫谋生。"

的确，这是一个母亲用几十年的人生经验给自己的孩子做出的总结，也是值得我们每个人去深思的。

这里所谓的"读书用功"，也可以理解成是你每天都要努力，持续学习和成长，总之就是让自己的能力不断提升，不至于在面临选择时没有选择，这才是人生最高级别的安全感。

拥有选择权可以让自己有更多的机会

有人说，我不需要更多的选择机会呀，我现在的工作和生活挺好的。

眼下相信你或许不需要这些机会，但这并不能保证将来你不需要这些机会，而且，就算你真的永远不需要这些机会，但并不代表你可以不拥有。

所谓的选择权，是说你可以选择那样，也可以选择不那样。

胡歌主演的电视剧《猎场》中有个叫作修风的人给我留下了很深刻的印象。

她是伊人的好朋友，葵黄的老公，出场就是在葡萄庄园里踩着滑板车，一副与世隔绝的状态。其实，他是金融圈非常厉害的人物，也是一家公司投资总监适合的人选。

两家猎头公司围绕着挖他闹出了很多故事。

他拒绝去挖他的公司上班，理由是喜欢留在自己的葡萄庄园里，而据其老婆葵黄说，他有更远大的抱负。

在他的身上，我能很深刻地感受到一个人拥有选择的权利是一种什么样的状态，就是他会有很多种选择，所以他才有资格选择自己随心的。

遗憾的是，我们大部分人终其一生都无法拥有选择的选择，大部分都是被选择的。

新近认识了一个朋友媛媛，她大学毕业后回到了东北老家，在当地的一家企业做文员。

她所在的部门是比较清闲的，我建议她可以利用空闲时间看看书，或者报班学习一个新的技能，这样将来也可以多一种选择。

她认为现在的工作挺好，根本不需要再做选择。

谁承想，前几年企业产业升级，部分岗位被裁撤，她莫名其妙就下岗了。

媛媛以为自己不需要更多的选择机会，但世事难料，谁能说自己的工作能做一辈子呢？

所以，拥有选择权，可以让你有更多的选择机会，尤其是面对突如其来的意外和挫折。

能力强才能具备选择的权利

有人说，努力就会有选择的权利，我觉得这句话不对。

努力了可能会拥有选择的权利，但也可能不会有，而唯有够优秀，才能具备选择的权利。

就像上了热搜榜的蔡燕航博士。

他读完了社会学博士，因为一些原因而选择做手工皂，他是去澳大利亚专门学习了专业知识的，而不是像很多网友们说的那样，对着手机里的攻略做的。

还记得电视剧《恋爱先生》江疏影饰演的罗玥吗？

她留给我最深印象的，就是她在国外丢了工作后选择了回国。

在国外她是做酒店管理的，能力很强，所以她回国后很快就找到适合的工作，并且依然很优秀。

试想一下，如果她对自己的能力没有信心，她敢毫不犹豫地回国吗？

拥有选择的权利，不是说你可以任性地随时作出选择

比如不想干了就离职，或者动不动就辞职回家做自由职业者。

你当下的工作在你心中有意义，你能找到成就感，你的工作是你愿意投入时间和精力的，并没有剥夺你的生活，你就能找到尊严，一份让你有成就感和尊严的工作，你会干得很快乐。

那么，如何才能拥有选择的权利呢？

我觉得最重要的有两点：

第一，技能要过硬。

无论你在哪儿从事什么工作，你的技能都要过硬，这样不容易被淘汰，而且，就算因为意外你被淘汰了，也不怕找不到新的工作。

第二，多储备一些技能。

斜杠青年的说法前几年很流行，我并不认为所有人都应该去做斜杠青年，但多储备一些技能总是没有错的，如今社会发展很快，谁都不知道现在自己做的工作明天还在不在。

其实，安全感这个词只是一个概念，很难定义。

在我看来，一个人拥有选择的权利，可以主动做选择而不是被选择，可以选择做眼下这份工作或者这件事情，也可以不做。

你有能力去选择你喜欢的工作，有足够的底气去对抗你不喜欢的一切，可以坦然说不，这才是最高级的安全感。

越自律的人，越容易开挂

01

以前的健身教练发微信告诉我，那个当初和我一起报名来减肥的女孩子又回来了。

我问：“为什么？”因为之前听说她不再来锻炼了。

“她又长胖了。”教练明显很郁闷，说女孩发现穿不上去年的裙子了，所以又来锻炼。

那个女孩和我是同一个教练，她当时除了每天来健身房训练，回家还要跳一个小时的健美操，所以很快就有了成效。

因为我们都是来减肥的，教练经常拿她的案例激励我。

“他们内心深处没有意识到健身的好处，自然很难持久。”教练的这句话，我感同身受。

教练说的持久，其实就是自律的另外一种说法。

越自律，人生越容易开挂。

但我们大多数人依然陷入了“间歇性踌躇满志，持续性混吃等死”的恶性循环。

就是说我们无法将自律持久，无论我们用多么牛的时间管理、精力管理工具来控制生活，我们依然时刻都想放弃。

根本原因就是你压根没有爱上你正在做的事情，你只是随波逐流。

就像美国著名的心理治疗师斯科特·派克的在《少有人走的路》中说的那样：“让你愿意为之自律的事情，必然是至高境界的爱，是自由状态下的自主选择，而不是墨守成规，被动而消极地抗拒心灵的呼唤。”

所以，当你开始做一件事情，一定要确保是你感兴趣的，要不然你的自律注定了是阶段性的自律，而无法持续。

02

前段时间，小李报了一个21天的读书训练营。

于是每天5点起床读书、在朋友圈打卡，还非常认真地做摘抄、写读书笔记。我近期读的好几本书，都是从他朋友圈发现的。

近期发现他朋友圈总是转发一些不咸不淡的鸡汤文，感慨自己还是太不自律了。我发私信给他："你能持续坚持早起读书，这说明你已经很自律了，别太为难自己。"

原本想要好心劝他成长的路上不要太着急，结果让我大跌眼镜的是，他告诉我，早就不坚持了，闭营后，起初还挺有动力的，后来就觉得每天读书也没见自己有什么长进，又很枯燥，干脆放弃了。

又和他聊了会儿，我才意识到，他参加那个训练营，也只是看身边有人参加，凑个热闹而已，并没有意识到读书对自己有什么好处。

这几天看他的朋友圈，发现他又参加了一个时间管理的课程，我默默地把他的朋友圈屏蔽了。

想来他会在很长的一段时间里，就这么间歇性自律，而终究很难持续下去，因为唯有做自己喜欢的、擅长的事情，才不会人云亦云、心浮气躁，才能实现自律。

以我写作为例，写作群里的小伙伴经常都说我打了鸡血，因为刚开始写作的时候，我不但要上班，回家后要陪女儿，还要健身，但无论多么忙，我都坚持每天写一点儿。

而且，哪怕被拒稿无数次，哪怕没有多少人能读到，每次一坐在电脑前，我都会充满了力量。

因为我是真心喜欢将自己内心的感受变成一个又一个文字，写作这件事情让我浑身每个细胞都很愉悦。

虽然目前写作并没有让我的人生开挂，但我相信这种发自内心的热爱会让我持续地自律下去，就算永远不开挂，这个过程本身也是一种开挂。

03

《知乎》上有个话题："高度自律是一种什么样的体验？"

我是出于好奇点进去看的。

点赞数最高的答案出自一名叫作"逝水"的网友。

他说自律有两种：第一种是为了尽可能地多产出，多做事情的自律；第二种是为了产出真正有价值的内容，为了使自己的生活更富有成果，而对自己欲望的管理。

因为一个人想要管理好自己的欲望，就必须要在认真思考的基础上，主动放弃过分的、不切实际的、不合理的各种欲望，寻找到那些自己喜欢并且愿意持续为之努力的事情。

04

自律，其实也是一种自我完善的过程，其中必然经历放弃的痛苦，其剧烈的程度，甚至如同面对死亡。

以健身为例，尤其是以减肥为目的的健身，大量的体能训练经常会让我们全身虚脱，试想一下，你将一个深蹲机械地重复 30 次，每次锻炼都要做 4 组，内心想要放弃的想法几乎每秒钟都会出现一次。

所以，要做到彻底自律真的很难，所以我们需要及时进行休息，进行恢复和调整。

名人的故事就不胜枚举了，现实中那些看起来非常自律的人，也是这样做的。

时间管理做得非常好的 Angie 就曾在公众场合说过，她每周会允许自己睡个懒觉，偷个懒，其实也是这个道理。

亚里士多德在《尼各马可伦理学》中也说过，过度和不及都是不道德的行为，真正有德行的人，会保持一种适度的中间状态。

人的贪念到底有多可怕

贪欲是个无底洞

有这样一条新闻：72岁老太向近万人非法募集5.14亿元，仅返还970余万元。

这个老太太叫作姚蓉，大学文化，山东省泰安市人，是西安金融财贸专修学院院长、陕西汇衡创业投资有限公司法定代表人。

2008年8月至2016年9月，以其为首的团队，借西安物业管理专修学院集资建校名义，非法募集资金5.14亿元，被害群众达8809名。

而其募集资金的方法也非常简单，就是高额利息，依据相关报道，最高的时候融资的利息达到了40%，也就是说，1元的资金会有4000元的利息。

这么高的利息，只要稍微动动脑，都不至于成为被骗的那个人。

有网友就说了："为什么这种骗术可以屡屡得手呢？银行理财的收益都很少超过5%的。"

的确，往往这种事件出来，大家都会觉得骗子的伎俩其实并不高明。

那么，为什么总是有那么多人上当呢？

说白了，就是人的贪念在作祟，想要得到更多的回报，往往却是贪小便宜吃大亏。

那些被骗的人，明明知道40%的投资收益不正常，还是期待着天上掉馅饼，最终失去的更多。

所以，也有网友说，一点都不同情这些被骗的人，贪高利息，融资失败了当然得跟着赔。

小野在《极简力》中就提到："不要被欲望和贪念所束缚，那是生命的无底洞。”

古今中外，有多少人死在贪念手里：总对自己所拥有的不满，还想要更多更好的，如此就进了贪念的网罗。

贪念过重，就会有无尽的烦恼

作家李碧华曾经说过这样一段话：“最近一段时间，非常不开心 。是颓废？伤感？ 其实都不是，而是——贪念，人有了贪念，就会有欲望，有了欲望，结果是自寻烦恼，自食其果。”

的确也是这样，生活中一个人之所以会痛苦，是因为想要的太多，贪念过多。

闺密粒粒最近就很烦恼，因为她想换一个四居室的房子。

其实，现在她们居住在深圳福田区的市中心，房子是三居室的，老人孩子都有独立的房间，小区地理位置也很好，但她就是想要一个书房，就催着老公换四居室。

她老公我们都认识，广东人，做外贸生意的，前些年是赚到了钱，这两年生意不景气，他就劝闺密说，等过几年生意好了，再考虑换。

但粒粒坚决要换，而且每天都去看房，回家就问老公首付准备得怎么样了？搞得她老公现在下班都不想回家了。

“我想要个自己的书房有错吗？”无论我如何劝她，她都坚持自己的想法。

的确，粒粒想要一个书房没有错，可人活在这个世上，不是事事都能如意，想要什么都有什么的日子，那是天上的神仙过的，我们都是凡人，都有着无法解决的烦恼。

可惜，被贪恋绕晕了头的粒粒，就钻了这个牛角尖，不但让老公有压力，她自己也很痛苦，据说最近都快得抑郁症了。

其实，在生活中，我们每个人应该懂得享受可以享受到的，就好比粒粒，现在她拥有的三居室是多少人渴望拥有的，但她的贪念却让她一心只想拥有当下没有的。

现在我还挺担心粒粒的心理健康和她的婚姻的。

贪念过重，就好比一个人拎个小包能走得动，如果硬要背上100斤重的东西，就根本没办法走路了。

被约束的贪念是成长的动力

当然了，贪念就真的这么一无是处吗?

显然不是的。

这是一个人人都有着贪念的时代，我也有贪，为了满足我的那些贪恋，我会更加努力拼搏。

我记得逍遥生在《梦幻西游4》中说过这样一段话：“每个人的心中都有欲望和贪念，但也有情义礼信，无论什么，只要不过分地去执迷和追求，就不会丧失自我。如果能约束自己的欲望和贪念，那它反而会成为一种动力。”

也就说，贪念能够被约束得好，其实是可以成为自己不断成长的动力的。

这点我前朋友笑笑就很有感触。

她是一个很贪心的人，进入公司后，不但销售业绩做得好，职位也上升得很快。

“我就是既想要名又想要利。”她从不掩饰自己的贪念，利用各种机会告诉老板，她想要升职，想要加入公司的管理团队。

为此，她自费报名学习各种管理课程，而且还定期给同事们分享自己学习到的内容。

久而久之，她出色的管理能力就在同事中凸显出来，加之她的销售业绩一直做得很好，现在已经是公司销售部门的总经理了。

有人说，人的贪念就像小魔鬼，时不时就会跑出来。

的确是这样的，心中的贪念时时处处都挑战着我们，但只要能把这种贪念约束好，反而就会成为督促我们不断提升的强大动力。

成长路上，侥幸心理要不得

01

我是在新疆学的驾照，还记得在参加科目一考试时，同驾校一共有6个人乘坐同一辆车去考试。

赶去考场的路上，大家都在随意地聊天，除了小李，她一直在低头做题，紧锁着眉头，表情很紧张。而小王则一副志在必得的表情，一路都在看电视剧。

我们6个人同时进考场，我花了30多分钟，分数是95分，内心窃喜。走出考场一问，小王不到20分钟就考完了，分数是99分。

小李是我们6个人中最后一个出考场的，她考了两次，驾考的科目一每个人是有两次考试机会的，90分及格，小李第二次也只考了89分，差一分才能及格。

大家都纷纷安慰小李，但她明显很沮丧，说："我是临考试前一天，才临时抱佛脚做了几遍题，明知道自己准备不充分，还是怀着侥幸的心理，一直祈祷着出的题目刚好都是自己会做的。"

小王是我们所有人里面分数最高做题最快的，她一直后悔没有再考一次得个100分。我就开玩笑说："看来你在这方面很有天赋啊，我用了近一个星期备考才考了这个分数。"

小王看了我一眼说："我提前半个月就开始做题了，而且临考这几天，每天都做很多遍测试题，基本上都是100分，最近走路都在看各种路标。"

原来，小王比我们任何一个人都努力，而小李很明显就是准备不充分，想要侥幸通过考试，结果是不及格。

在我们成长的道路上，很多人都会存在侥幸心理。心存侥幸心理往往更容易事与愿违。

《六座人脉》作者李维文曾经说过："每个人的命运都紧紧地握在自己的手中，总有一天，你的努力一定会换来相应的回报。但如果你始终抱着侥幸的心理，一味地纵容自己，并试图少做一些努力，那么你得到的回报就会相应地少1分、10分乃至100分。"

所以，成长路上，侥幸心理要不得。

02

其实，大部分人都会心存侥幸，我的第一次四级考试就是因为我心存侥幸，没有通过。后来又多花费时间和精力重新考了一次。

我的英语基础还不错，报名后自己也打算很认真地备考。只是因为身边几个同学都说有办法能买到答案，自己背单词做题多累啊，当时侥幸心理作祟，鬼使神差地居然就随大流了。

结果可想而知，考场里没有任何信号，最后自己随便填了答案就交卷了。

这是一次印象特别深刻的经历，时刻提醒我，不可以存侥幸心理。这一次驾照备考，我很认真地对待每一道题目，任何一个知识点都不敢遗漏。当我走向考场的时候，很清楚自己一定可以通过考试。

有人说，侥幸心理是一种自欺欺人，甚至当侥幸心理成了一种习惯时，我们的大脑就会把它合理正常化。

坚持写原创文章的人，都有一个共同的烦恼，就是文章容易被抄袭，尽管各大平台都陆续推出各种机制和功能保护原创，但还是有人铤而走险继续抄袭。

参加的一些写作交流群里，几乎每天都有人抱怨文章被抄袭了，当原创作者找到抄袭的人，对方顶多表示抱歉然后删除文章。对这种现象我们也讨论过，大家一致认为是因为抄袭文章成本低，而且抄袭也有可能不被发现，很多人都是怀着侥幸心理，想着能抄就抄，万一不被发现呢。

确实，你抄袭了别人的文章，或许永远不会被发现，但是一旦被发现，你可能会被整个行业封杀。

之前有位老师的原创文章被一个公众号抄袭，很多网络知名人士都帮忙转发讨伐，最终抄袭者只能道歉并且删除文章，想来以后很难再有人愿意和这个公众号合作。

03

心理学研究表明，侥幸心理是人的本能意识，这种心理反应在人们的各种思维活动中，通常情况下，侥幸心理只是一种潜意识，不足以支配人的行为活动，但是当一个人自控能力不强，这种潜意识得到孕育膨胀以后，就会引发冲动。

人就是这样，明明知道结果，还是会有侥幸心理，认为未来会往自己希望的方向发展。

虽然目前心理学界对这种侥幸心理的改变确实没有什么好方法，但也不是说侥幸心理就永远无法戒除。

就像我，在为成长努力的过程中，不再存有侥幸心理，是因我之前有过心存侥幸心理而事与愿违的经历，并且深深地记在了大脑中。

唯有人们认识到这个心理的危害和可怕，做任何事情之前都想一想，需要付出努力才能做好的事就不要抱着“试一试，万一中了呢？”的侥幸心态。

在知乎上关于避免侥幸心理的讨论中，有个网友说，在成长过程中，怀着侥幸心理想要投机取巧的人，心理很容易受到谴责，就算侥幸如愿，也总觉得做了坏事，浪费时间和精力，还影响心情，是很不划算的。

霍达的《穆斯林的葬礼》中有这样一句话：“在那庄严的时刻每个人都是平等的、坦诚的，在命运的抉择面前，任何伪装、虚饰和自欺欺人的侥幸心理都变得毫无意义，唯一可以使自己镇定的是真才实学。”

那些爱表现的人后来都怎么样了

01

著名演员刘烨参加了第四期的《朗读者》，在和主持人董卿聊天的过程中，他提到的霍建起导演是如何发现他的这个故事，吸引了我。

大家都知道，刘烨拍的第一部电影是《那人那山那狗》，这部作品开启了他的演艺生涯，也是影响他一生的作品。

当年，霍建起导演去中央戏剧学院挑选演员，当时刘烨正在和同学打篮球。

刘烨一看来人穿着很多兜的衣服，猜测就是挑选演员的，所以，他在打球的时候就刻意表现自己，使了一些平时不太使的、特别帅的动作，比如空中转个体，投篮的时候弄一下头发。

“然后霍导就被我的魅力吸引了。”刘烨笑着说。

当然，相信吸引霍建起导演的不单单是刘烨当时投篮的表现，不可否认的是，正是他的主动表现，为他赢得了一个机会。

这让我联想起自己在职场上的一些经历，身边那些发展比较好的人，大多都很喜欢表现，甚至爱出风头。

朋友公司最近新招了 20 个销售经理，负责公司新产品的销售。

从新员工培训开始，有个叫小五的员工就特别爱表现，自我介绍的时候第一个站上去，当领导问谁愿意做小组长，他毫不犹豫就举手报名了。

当时就有其他同事私下嘀咕他太爱出风头了，甚至还有人孤立他。

但当他们集中一个月的培训结束后，小五就被公司提拔为主管，负责管理其中 10 名销售经理。

朋友说，一个月内，由于小五特别爱表现，所以他无形之中就展现了自己的管理能力、组织能力，也能看出是一个非常积极向上的人，完全符合公司对于团队主管的要求。

试想一下，如果小五也像其他人一样不爱表现，那么，朋友又怎么能发现他身上的优点呢？升职的机会自然也是不会落到他身上的。

02

在以往的认知里，我们都会有些看不上那种爱表现的人，其实，不爱表现的人才容易被人看不上。

从心理学来讲，每个人与生俱来都是有表现欲的，因为每个人都希望被别人认可和肯定，而不爱表现其实是一种不好的心理，背后隐藏着一个人对自己的不自信。

朋友笑笑就是这样一个人。

她在一家公司做行政经理，本人能歌善舞，非常有才华，但是每年的年会，她从来不登台表演节目。

“我不爱表现，让其他同事上吧。”每次我鼓励她报节目时，她都以自己不爱表现为由拒绝。

这还不算什么，在平时的工作中，她统统不爱表现。

就说有次公司让行政部安排一次优秀员工的境外游，笑笑接到任务后，带领团队没日没夜地加班做方案，当方案定稿后，需要向公司领导汇报，她就把机会让给团队中的一个新人了。

结果领导对方案很满意，对于汇报方案的那个新人更是满意，就指明那个新人负责那次活动了。

而且，从此以后，行政部类似的工作，理所当然都归那个同事负责，她反而被边缘化了。

的确，笑笑是很有能力的，但是长期不爱表现让我很不理解。

一次和一个学心理学的朋友聊天，她说，类似笑笑这种情况，大部分人内心都是不自信的，有些自卑，不认可自己所以才不敢表现。

我向笑笑求证，她承认了，说由于小时候，父母总是批评她，认为她哪里都不好，时间长了，她也开始否认自己。

虽然我们都认为她唱歌好，但是她觉得自己的声音有些粗犷，像男生，她甚至觉得自己的舞蹈动作不够优美……

正是因为她的不自信，导致她到了工作岗位上，压根不敢表现，她害怕自己做得不好被同事嘲笑，还用自己不爱表现来麻痹自己。

当我们一再明确地告诉她，她很优秀，唱歌跳舞都是很棒的，她慢慢才开始找回一点自信，开始尝试着表现自己。

人天然都是有表现欲望的，一般来说，不爱表现的人，需要勇气去改变自己。

03

当然了，爱表现不等于爱炫耀。

有一些人，稍微做出点成绩就到处宣扬，唯恐别人不知道，这是属于炫耀而不是表现。

喜欢炫耀的人，其实是通过这种方式来寻求自己的身份和作用被认可，在心理学上被称为缺乏安全感型人群。

而他们所炫耀的东西，也可能恰恰是因为自己不常有，所以一旦拥有，内心就会有一种想被全世界都看到的冲动。

小美的爱炫耀在朋友圈是出了名的，就连老板带她参加一个客户的宴会，她都要发朋友圈晒一下，而且还要刻意提醒公司里面的人看。

有次她代表公司去参加拉菲的选品会，从进入会场开始，几乎是在朋友圈直播，言语之间几乎全部是炫耀。

据说很多同事都屏蔽她的朋友圈了，因为她炫耀的那些，别人根本不感兴趣。

其实，适当地表现自己可以让自己获得更多的机会，但一味地炫耀可能就会适得其反了，不但不会为自己引来机会，还可能遭遇到同事的排挤，错失更多的机会。

小美就是在部门主管的竞聘中失败了，因为部门的人，没有一个人投票给她，大家都担心，她当了主管，会不会更爱炫耀了？

所以，适当表现可以，但千万不要陷入炫耀的怪圈。

04

当年看《三国演义》，就特别羡慕诸葛亮被刘备三顾茅庐。

而今细想起来，其实是因为诸葛亮本身就极具才华名声在外，才能吸引刘备。

想想今天正在打拼的你我，即使没有诸葛亮的才华，想要在前进的路上获得青睐，也要努力将自己的优点和才能展现出来，才能获得更多的发展机会和更大的发展空间。

毕竟现在牛人很多，能被发现的人才并不多，你不抓住机会表现，那发展机会基本上就不会落到你的头上了。

那么，具体要如何表现呢？

第一，多发表自己的看法。

我留意到，很多人不愿意发表自己的看法，尤其是在一些公共场合，大多都是害怕说得不好或者不对。

其实，想法不在好坏，而是你敢于发表想法，让大家看到你是在思考，并且善于学习。

所以就算你的想法不太好，至少也能提高你的曝光率，混个脸熟，让人记住你，机会也会多很多。

第二，记住重要关系的人名并且主动打招呼。

有些人，对一些需要打交道的人，连名字都叫不出来，这其实是不利于表现自己的。

记住别人的名字，尤其是重要人物的名字，任何时候遇上都主动打招呼，该叫职位叫职位，该叫姐、哥就叫，会让别人认为你很在乎他们，无形之中你也是表现了自己的教养。

第三，多帮助别人。

生活中，难免会有人遇上需要帮忙的事，如果对方向你张了口，恰好又是你力所能及的，一定要帮忙。

因为这其实是表现你愿意付出的心态，被帮助的人一定会记在心上。

而且你对别人的好，别人也会记着的。

其实，人生每一次与他人的交互，对我们都是机会。勇敢地表现自己吧，力争每一次给予对方超出预期的体验，你才会更加容易脱颖而出。

发现自己有不会做的事，也是一件很开心的事

01

萧秋水老师是我非常尊敬的一个老师，所以，我会定期刷她的朋友圈，看她的公众号文章和“饭团”。

前两天留意到她发了一条朋友圈，说她最近在写书的同时研究咖啡，具体包括咖啡器皿、各种工具、咖啡豆等，而且还在同时看三本书，在建立咖啡知识结构。

她说，咖啡是一个浩大的世界，这种美值得为之沉迷。

自从两年前我知道了萧秋水老师，我就看着她不断地进入新的领域。她说要学习摄影，然后我就在她的书里看见了她拍的照片；她要学习发抖音，然后我就看见她抖音的内容越来越好玩。

在她的“饭团”里，她每天分享的内容，我都会有一种感受，那就是，发现自己有不会做的事情，她是欣喜的，而且总是能很快就钻研透。

这种力量也感染了我，虽然没有太多的交流，但是每次遇到困难，我就会想到她，所以也就开心地去寻找解决办法了。

身边一些优秀的人，其实做事都是这样的风格，遇到问题，第一个反应都是去寻找解决方案。

朋友噜啦啦和我是老乡，她也是一耕一锄的创始人，我们因为一个文案合作而结缘，继而有机会和她私下有了更多的接触。

她对团队中的人说最多的一句话的就是，你去想办法，而她自己也是身先士卒。

有次，公众号推文临推送前，因为我的失误，导致无法正常推送，当时大

家都有些慌乱了，不知道该怎么办？临时修改文章中的问题也来不及了。

正当大家七嘴八舌讨论该怎么办时，噜啦啦已经将做好的海报直接发到工作群里了。

大家惊讶她是什么时候做出来了？她说，边和你们聊边做的。

当时我就被她解决问题的能力给征服了，也是这次的经历，让我们意识到，以后万一再遇到这种情况，还可以有这样的预备方案。

遇到不会做的事情，立刻就去想办法解决，就是智慧。凡是有智慧的人遇到问题，第一时间是思考怎么解决，而不是站在那儿埋怨。

其实，当你遇到了困难，换种心态，不抱怨而是去解决问题，这可能就是为你打开一个新世界大门的机会。

所以，遇到不会做的事，也是一件很开心的事情。

02

我在网上看见过这样一句话："凡是喜欢埋怨生活的人都是傻子；凡是遇到问题，马上想办法解决的都是牛人。"

的确，牛人与普通人的区别是，牛人遇到问题，马上解决；普通人遇到问题，马上埋怨。一干一怨，直接导致命运有天壤之别……

遗憾的是，很多人都会在遇到自己不会做或者不擅长做的事情时，给自己找退路。

我的学员，早上发了个文章主题让我看看，我一看就是没有经过思考的，于是就直接语音过去和她说了问题。

谁知道，我还没有来得及教她方法呢，她倒好，立刻和我说："老师我是不是不适合写？"

当下我就火了，直接说："你觉得不适合写，那就不写。"

不过还是耐心地教了她方法。

语音结束后，她发微信给我说，以前的自己，的确总是停留在一旦发现是自己不会做的，就立刻想退路的人。现在她明白，其实是思维方式不对，遇到不会的，应该想着如何学会而不是退缩。

其实，她是个非常聪明的女孩，也很有悟性，文字很有灵性，可能就是思维方式限制了她的发展和进步。

这也是我最近感触很深的一个观点，当你面对一件事情，你怎么看就会怎么做，结果其实就已经注定了。

当你遇到了一个自己不会做的事情，如果你像萧秋水老师一样，不断探索，你就会掌握一个新的技能，而如果你因为害怕学不会或者做不好而不去做，你就永远是不会的那个人。

03

其实，我也不是一开始就知道这个道理的。

刚进入职场没有多久，就开始参与项目，有时候需要自己制作 PPT，但是我不会做，而且我觉得做 PPT 需要耐心、细心和技巧，我这个马大哈一定是学不会的，所以也拒绝学习。

每次需要做 PPT 的时候，我就厚着脸皮去找同事帮忙，时间久了，也没有人愿意帮我，那会也没有助理什么的，老板就要求我自己做。

无奈之下，我下定决心要掌握这个技能，于是，花了一整天的时间，做了一个十几页的 PPT，我记得很清楚，在修改完最后一个地方，整个胳膊都不能动了，我整整在办公室弄了十几个小时。

当我发给老板，老板说，内容不错，就是颜值差了点。

当时虽然有些沮丧，但忽然就不害怕做 PPT 这件事情了。

而这个技能，也在后面几年的工作中越锻炼越娴熟，现在自己去一些社群里分享，做的 PPT 也能拿出手了。

这件事情给我的体验就是，不要轻易给自己设限，不会就去学，就去做，或许你会发现，一切并没有你想象中的那么难。

秋水老师说，不断探索向新的世界，是美好的体验。所以，当你发现自己有不会做的事情，你应该感觉到开心，因为你可能会发现一个全新的世界。

03

一味追求情商，是因为智商不在线

当规则被蔑视，等待我们的将是什么

01

中午带女儿出去吃饭，路过一个十字路口，刚好是红灯，我们就在斑马线等待。忽然从我们侧面冲出来一个骑单车的小伙子，我还没有反应过来，他就加速冲过去了，不巧的是，刚好有一辆车开了过来。

我听到一声尖叫，就见小伙子被撞得飞了起来。

人们很快就围了上去，有人报警，有人打120，我怕吓着女儿，就赶紧带她离开了。

这样的案例，几乎每天都在上演。

据有关部门统计，中国每年死于车祸的人数超过10万，而这一切的根源，都是因为人们漠视交通规则引起的。

在景区刻字、公共区域乱扔垃圾、随意插队、野生动物园随意下车、酒驾撞人，这一类规则意识缺失的新闻比比皆是。

有的已经造成了严重的后果，让人痛心不已，依然有人心存侥幸，还在不断被重复，但是迟早会受到规则的惩罚。

这些人之所以有这样的行为，都是因为蔑视规则。

恐怖片《隐身人》海报上一句话让我记忆很深刻："当一切的规范和禁忌都不存在的时候，你离邪恶有多远？"

心理学里也有一个说法，就是不建立规则，就等于暴力。

这真的不是什么危言耸听。

02

规则在很多人的眼里，是冷冰冰、硬邦邦、毫无人情的。但如果懂得遵守它，它就是我们最坚实的盔甲和最温暖的外衣。

换句话说，就是要学会守规则，才能最大程度保护自己的安全。

之前有个新闻，在国外某海滩，明令禁止游泳，可是却有游客不顾劝阻执意下海，最终溺亡。

这个禁止游泳的规则，其实就是对我们的一种保护。

朋友贺燕是我在社群里认识的，最初我们的交集是她找我写一篇文章，后来大家很聊得来，就成了朋友。

她是一个持续创业者，最近她和好几个朋友一起创办了一家咖啡厅。

大家都知道，现在合伙做生意风险还挺大的，尤其是合伙人之间，半路分道扬镳的大有人在。

但是贺燕总是能把这种关系处理得很好。

我问她秘诀，她说，就是开始之前把规则定好，所有人都必须遵守规则，没有例外。

而对于那些不愿意遵守规则的人，她也会毫不犹豫地淘汰。

职场上不遵守规则虽然不至于让你丢失性命，但是也会影响整个团队的战斗力，相反的，你遵守了基本的规则，你也会得到更多。

像贺燕，由于她秉持着这样一个原则，所以她就得到了一群愿意追随她的人，大家共同经营一份事业。

对规则保持一份敬畏之心，遵守规则，是对自己和自己经营的事业最好的保护。

03

网络上有这样一句话我很认同：“当规矩被遵守的时候，坏人能变成好人；规矩被践踏的时候，好人也能变成坏人。”

1974年，意大利行为艺术家玛丽娜·阿布拉莫维奇曾做过一项试验，她想了解人们在绝对自由状态下的行为，也就是没有任何规则限制，人们会怎么做？

试验开始前，她签署了法律协议，承诺在试验的6小时之内，不管发生任何事情，人们不用承担责任。

玛丽娜将自己头部以下的身体麻醉，观众可以做任何想做的事情，不会受到她的任何抵抗。

玛丽娜旁边桌子上，摆放着72种不同的道具：化妆品、蜂蜜、安眠药、锤子、鞭子、枪、子弹等。

试验开始后，人们由最先的试探，到开始给她脸上作画，强吻她，用刀子割开她的衣服，用带刺的玫瑰刺她的肚子，用刀子在她的身上划来划去，玩弄她的隐私部位。

而围观的人，没有任何人觉得不妥，他们露出无所谓的笑。

直到最后，当有一个人将枪上膛，并对准她时，才被众人阻拦。

而玛丽娜的身体已经千疮百孔。

事后，她悲伤地说："我从这场表演中学到的是，如果你把决定权交给观众，他们可能会杀了你。"

可见，没有规则约束，人们会做出什么样过分的行为。

04

来蒙特说：世界上的一切都必须遵照一定的规矩和秩序。

身为一个人，我们存活于这个世上，有道德和行业规范，企业有企业的规章制度，国家有国家的法律，大自然也会有食物链法则。

任何一个不遵守规则的人，最终都会受到惩戒。

所以，当你蔑视规则，等待你的将是不可预估的后果。

发个红包就能看出你人品好了？呸！

01

每到年底，打开朋友圈，满眼都是这一类的文章："红包见人品""红包见情商""抢红包看人品""你发的红包里藏着你的修养"……

基本意思都一样，都是说发红包的人情商都是很高的，而且人品也好，那些只抢不发的，人品简直不要太差……

搞得我每次不小心点到了微信群里的红包，就会好担心被认为是情商低或者人品不好。后来我干脆不抢微信群里的红包了，再有人给我发红包，我也都是仔细看清楚才收。

本来，有人愿意在微信群里发红包、有人愿意抢，这是你情我愿挺开心的事，却因为和情商、修养、人品这样的事情扯在了一起，忽然就变了味。

身边好几个朋友都有我这样的感觉。

朋友军哥这几天就在好几个群被 @，说他"人品差"，这让他很郁闷。

因为各种原因，军哥加入了很多微信群。

有些微信群，定期就会下起"红包雨"。

偶尔休息的时候刷微信，碰到有人发红包，就顺手抢一个，然后默默地闪人。

当然他比较在意的群，也会主动发红包。

可他没想到，抢红包这事给自己带来了一个人品差的"恶名"。

朋友阿媛也很糟心，在一些自媒体的作者群里，她总能抢到几个红包。

但她属于只抢但从来不发的那类人。因为她没有自己的公众号，也从来不往群里丢文章链接，所以她认为没有发的必要。

而且，在她看来，过去的一年，她几乎为每个丢过文章链接的人都贡献过点击，抢个小红包也不为过吧？

让她不明白的是，自己怎么就变成了一个人品不好的人呢？

小莉的遭遇更惨，在一个微信群里，由于她抢了几个红包没有回发，直接被踢出群了。她私下和我吐槽说，发红包的人，也没有注明哪些人能抢哪些人不能抢啊。

的确，现在越来越多的微信群不再都是熟人组成的，很多人都是见过一面或者未曾谋面的，每个人对于群对自己的重要程度定义不同，自然会以不同的态度对待，表现在发红包和抢红包这件事情上，态度自然也不同。

而因此就上升到一个人的修养和人品，的确会让人不舒服。

军哥也好，阿媛和小莉也罢，因为都是朋友，所以我很确信他们的人品是没有任何问题的。

他们不在群里发红包，那是因为那些群并不是他们在意的。

所以，发红包和抢红包，并不能就因此判断出一个人的情商高或者人品好。

对重视和在意的微信群，自然会第一时间给大家发红包，也会感谢发红包的群友们，而对根本不在乎的微信群，可能红包都懒得抢，更别提发了。

毕竟，我们每个人的精力和情感有限，要将其都用在最有用的事情上，不要被那些不相关的人、不重要的事占用。

02

有人说，现在的人，地上有一元钱，都不见得愿意去捡，可为了几毛几分钱的红包，却愿意起早贪黑，乐此不疲，到底是为了什么呢？

起初我也不理解，后来了解了心理学的“心理账户”，我才明白，原来热衷于抢红包是“合理”的。

在经济心理学概念中，我们每个人都有很多个“心理账户”，我们会把不同的收入和支出放到不同的账户里，专款专用。

而心理账户和传统经济账户最大的不同是，在经济账户里，每一元钱都是可以相互替代的，一元钱就是一元钱，但不同心理账户之间的一元钱，却是不可替代的。

以红包为例，我们为红包专门设立了一个心理账户，所以微信群里抢来的红包都是意外的收获，哪怕是几分钱，也是值得为此专门定个闹铃的。

也因此会有人在抢到大额红包后，拿出一半或者全额发给群友们，因为这笔钱并没有动到其他的心理账户，更和传统经济账户无关。

由此来看，有些人虽不愿意在群里发红包但也忍不住要抢，是有心理学依据的，自然是可以被理解的。

当然，这不是说就要鼓励大家通过抢红包这件事情来诋毁一个人的人品，也不是鼓励大家只抢不发。

愿意发的人开心地发而不要渴求能收回多少，想抢的人随着心意抢，只要你不介意别人对你的质疑。

总之，红包本来就是为了给生活带来惊喜，因为这个而让越来越多的人不开心，就不值得了。

03

那么，既然有群友们因为抢红包而感到不舒服，那么，如何发红包才会减轻或者避免给大家带来这种不好的感觉呢？

毕竟在微信群里发红包有人际互动的因素，也是我们日常生活所需要的。

我觉得首先就是发红包的人，不要自主设置一些规则，比如抢到最大的红包必须要发一个同等金额的红包之类的。

因为发红包是自愿原则，不能因为自己发了红包，就要求别人做什么。

除非这个规则是所有群友们一致认同，或者群主在建群之前就已经定义好的，否则，你的这个行为，就会让很多人不舒服。

毕竟没有人喜欢别人逼迫自己做任何事情。

其次，发的红包被抢后，不可以主动要求群友们必须回发。

你愿意发，群友们愿意抢，这也是你情我愿的，何况现在大家都很忙，能进群抢红包的，也算是“真爱”了。

我最近几天在一些群里发的红包，有很多都没有被领完而退回给我了。

试想一下，如果你在一个几百人的群里发了100个红包，但却没有一个人抢，该有多尬尴？

所以，我们也要感谢那些点开我们红包的人，是他们，让我们发红包这个动作变得完整了。

最后一点，那就是千万不要在微信群里吐槽那些抢了没有发的人人品不好，情商不高。

毕竟微信群里人数众多，你很难判断出哪些人是只抢不发的，或者哪些人发得多哪些人发得少，你吐槽可能会让很多人感觉到不舒服。

尤其是像@军哥那样的动作，更是建议不要做，万一你@错认了，那就尴尬了。

总之，你既然是真心诚意地发红包，那就诚心诚意的期待群友们抢的开心吧。

04

最近网上有很多关于红包的段子，虽有一定的道理，却也夸大了红包在人际交往中的作用。

比如，“没有用一个红包解决不了的问题，如果有，那就两个”“所有能用红包解决的问题，就不要用言语”“感情有多深，一个红包就见真”“有的没的不要讲，谁给红包谁就亲”等。

我们都知道，人际交往中最重要的是双方互动，投桃报李。你发给我一个红包，我也发给你一个红包，这样一来一往的红包行为，的确容易让两个人之间产生了一种感情的连接，但这毕竟是非常微弱的。

人和人之间，想要有更深入的链接，还是需要彼此的交流，尤其是面对面的交流。哪怕是微信一对一的交流，也好过在群里发个红包抢个红包的链接来得更加真实。

发红包抢红包或许会开启一段关系，却无法让一段关系更紧密。有时候过于迷恋这种方式，反而会阻碍成为人和人之间更亲密的关系。

所以，发红包抢红包的时候，也记得多和新链接的朋友进行一对一的交流，能线下见面聊最好了。

真正的人脉，就是你的真功夫

01

周末和闺密约着喝下午茶，聊到她最近新换的工作，她调侃说："你看啊，美女总是扎堆的，就像高手总是如云的。"

她告诉我，现在她的老大是她的一个老乡，她们是在老乡会上认识的，当时老乡们知道她在一家企业做高管，大家都一窝蜂地涌上去和她合影。

闺密并没有凑热闹，只是和对方交换了微信。

后来听说老乡们又拉着她搞过好几次聚会，有人想去她的公司上班，但都被拒绝了。有一次，闺密刷到她在朋友圈发了一个求助的信息，是关于外贸业务的范畴，恰好是闺密擅长的，就主动帮她解决了问题。

后来每次她遇到了类似问题，都会主动联系闺密。一来二往彼此也熟悉了。

前不久，她告诉闺密，公司一个岗位有空缺，很适合闺密，而且给的工资是闺密现在的两倍。

"其他老乡知道后，都说肯定是我私下拍人家马屁才得到这个机会的。"闺密喝了口咖啡，笑着说。

其实，闺密从未刻意讨好过，只是恰好让对方知道了她的实力和真功夫而已。

社交的基本原则，是价值交换，如果你没有真功夫，无法给对方提供价值，是没有人在乎你的存在的。

所以，认不认识谁其实没那么重要，重要的是，你有多少真功夫？

02

朋友圈里有些人，成天晒和大咖们的合影，看上去人脉网很强大。

前不久，有个朋友需要一个助理，私信我让我帮忙留意推荐。

我问他，小牛不是刚辞职吗，和你也很熟悉。

朋友说，和他是很熟，但是他没什么能力啊，助理他也根本无法胜任。

而就在前几天，小牛还和我吹，说他和我这个朋友的关系多么铁，让我以后有需要随时和他说。

小牛以为认识人家，就是自己的人脉。殊不知，当你没有真本事，无法为对方提供任何价值时，那个人并不是你的人脉，顶多是你认识的一个人而已。

俗话说得好，你是什么样的人，自然只能结交到哪个层次的人，大家都更愿意跟自己“势均力敌”的人做朋友，你无法为别人提供价值，别人凭什么要和你成为朋友？

03

你有多牛，你的人脉就会有多畅通，而积累人脉的核心，就是要不断通过掌握真功夫而去提升自己的价值。

鲁迅和萧红的关系一直很好，但其实，这是萧红不断写信给鲁迅的结果。

要知道，鲁迅的朋友都是蔡元培、胡适、章太炎……每一个都是如雷贯耳的文豪，一个初出茅庐的年轻作者，又怎么能入得了他的法眼呢？

但随着萧红不断给鲁迅写信，鲁迅便被她的才华打动，他喜欢萧红的率真和才华，说她是“中国当代最有前途的女作家”。

于是，他不但把萧红当成了朋友，还把她介绍给文坛的人，为她的《生死场》作序，还邀请她到家里坐坐。有时聊天晚了还要送她下楼，让她有空再来。

鲁迅之所以把一个初出茅庐的作家当成自己的朋友，就是因为萧红是一个优秀的作家，是萧红的才华征服了鲁迅。

总是有人吐槽说，怎么自己没有好运气碰到贵人点拨？其实呢，是你要先变得优秀，才能吸引到贵人的。

04

这两年大家都在热议“阶层固化”，说普通人的上升通道已经越变越窄了。但我依然看到许多普通人凭着自己的专业发展得越来越好。

也就是说，当你没钱没资源没背景的时候，唯有“真功夫”才是让你脱颖而出的最佳武器。

我认识一个做甜点的女孩，她因为要给孩子做点心，就顺便在朋友圈卖，结果有个做投资的朋友恰好非常喜欢吃她做的甜点。

后来朋友干脆投资她，帮她在小区里开个甜品店。在那位做投资的朋友的支持下，她又开始招收学徒教大家做甜点。

本来只是自己做来吃，却因为认识了那个做投资的朋友，而开启了一份新的事业。

这样的故事，在我的身边每天都有发生。

而看那些成天想着有贵人提携的人，做着六七十分的活儿，却试图去获得一百分的人脉资源，显然是不现实的。

当大多数人都在谈人脉有多重要的时候，只有少数人在埋头打磨自己的专业能力，掌握了真功夫。

也正是这些少数人，凭借专业能力吸引了一大波人脉过来。

无论你当下在做什么，当你足够专业了，在一个领域做到数一数二了。人脉、资源、钱这些东西自然会来。

对别人用力太多，对自己却用心太少

01

朋友美美人如其人，特别美，而且还特别能干，能赚钱。

唯一不完美的，就是迄今为止单身，她所有的恋爱都没有超过 3 个月，而且都是她主动提出分手。

而她分手的理由，永远都是对方的问题，要么就是对方太抠门，要么就是对方不懂得浪漫，阳刚点的男人她觉得别人太大男子主义，性格温和点的男人，她觉得人家没有男人味。

有次终于找到了一个我们都觉得综合实力不错的男朋友，在我们的一次聚会上，她当着所有人的面挑剔对方当天穿的衣服不好看，无论我们怎么暗示她都停不下来，硬是把人家从头到脚点评了一遍。

我记得当时那个男人的脸都绿了，但是他是真的很爱美美，并没有当场离去，只是听说事后两个人吵了一架。

就为这个，美美又和对方分手了，理由是对方太小肚鸡肠，不包容她。

后来我冷静想想，其实发现美美是一个很喜欢挑人家毛病的人，无论是谁，她首先看见的都是人家的缺点和不足。

事实上，她自己身上的毛病也有很多，没有同理心，凡事从不考虑对方的感受，任何事情都是以自我为中心。

她始终无法确认一份关系，其实和她自己是有着很大的关系的。

她费尽心力证明了那些男人的糟糕，却放任自己将错就错。

02

其实，当我们把太多的时间和精力花在别人的身上，用来证明对方是错的，也就是说，我们绝大部分的能量，也花在了证明自己委屈上。

而很多时候，你的烦恼和痛苦恰恰来自于对别人用心太多，而对自己用力太少。

当你开始向内看，不断改变自己，你会发现整个世界都不同了。

刚开始学习写作没多久，我就和很多新学习写作的人一样遭遇拒稿。

当你看见自己用心写的文章被编辑退回的时候，内心是很痛苦的。我们几个文友建了一个微信群，有阵子大家就在群里吐槽，说某某号编辑不识货，要么就是哪个号的编辑审稿太慢，导致自己的热点文错过了最好的发布时间。

每天大家一起吐槽，起初我觉得很开心，因为内心得到了抚慰，时间长了我就发现不对了，每个编辑都有自己的审稿要求，这个是我们无法改变的，我们唯一可以改变的，就是提升自己的写作水平。

于是，我毅然退了出来，每天拆解爆文，不断地修改文章，只要有机会，就会向编辑请教如何更好修改我的文章。

当我开始向内看自己，关注自己的问题，我发现，我的文章水平开始提升，那些原来很忙的编辑，也开始来找我约稿。

马可·奥勒留在《沉思录》说过这样一段话："绝不要去猜测别人的心里在想什么，琢磨别人的心思的人从来都不是幸福的人。"

他认为，每个人都应该关注自己内心的所思所想，如果连这一点都做不到，那是很可悲的。

所以，不要对别人用力太多，更多关注当下的自己，如何提升自我才是最应该做的事情。

03

就这点，我很喜欢李松蔚老师的说法，大意是说，一个人从面对事实，到能够发自内心地接受这个事实的存在，还需要度过或长或短的一个时期。

他说，有一些人面对问题，会把绝大部分的能量放在自己的委屈上，并且会制定类似这件事是不应该的、不合规矩的、人神共愤的规则，并且将其作为心理上的护城河。

仔细想想，身边这样的人还挺多，而且往往都过得不好。

电视剧《都挺好》里面郭京飞饰演的二哥就是这样一个很会给自己找理由的人，当别人说他妈宝男时，他却理直气壮地认为，是他妈妈让他不要努力的。

所有苏家的三个孩子里面，他混得最惨。投资失败，明明是自己的选择，却要求拉他入伙的主管负责，结果是惹怒了对方，搞丢了工作。

和他恰恰相反的是姚晨扮演的三妹苏明玉，按理说，从小被父母嫌弃的她才是最有理由颓废的。她没有始终耿耿于怀父母为何如此待她，而是在 18 岁那年选择离开家，自己养活自己。

后来遇到了老蒙，从销售开始做起，再后来成了集团公司的核心高管。

其实，生活中你与其对别人用心，不如对自己用力，因为我们可以改变的，也只有自己。

在电视剧《离婚律师》有一句台词是这样说的："你总是对别人要求太多，对自己要求太少。一旦生活出现了问题，就把责任推卸给别人。你把自己的幸福构建在别人身上，可是生活是自己选择的呀。"

的确如此，无论当下你觉得有多么的不公平，这都是你自己的选择，一味地对别人提要求，还不如正视自己的问题。

希望你从今天起，能够对自己多用心。

不是你的东西你别碰，不是你的圈子你别进

01

网络上这句话非常流行："圈子决定未来，一个人要学会优化自己的圈子。"

的确，圈子真的重要，这是一个不争的事实。但一个前辈告诉我，圈子就像是一块磁铁，如果你是一块木头，那你怎么融也融不进去。如果你是一块铁，不需要你费多大力，圈子就会把你吸引进去。

这点我感同身受，有时候比你厉害的圈子你根本挤不进去。

2012 年，因为公司业务需要和大量的个人站长合作，我要主动认识他们并且促成合作。

当时为了能同时接触到更多的站长，我们公司主办了"深圳站长大会"，我是负责人之一，具体负责和各个站长接洽并且促成合作。

当时带我的前辈，暂且称呼他为 F 吧，要求我吃饭和举行活动的时候，必须和最厉害的几个站长在一起。

到如今我记忆依然很深刻，大会结束我们去海边烧烤，大家自由组队，那些厉害的站长，就自动坐了一桌，按照"要求"，我必须要坐到他们那一桌，我就厚着脸皮去问能不能坐到他们那一桌。

"对不起啊，我们人够了。"有位站长不好意思地说，然后我眼睁睁地看着他们给比我来得晚但是很牛的一个站长让出了座位。

因为有"任务"在身，我并没有离开，而是自己找了个位置坐下来，帮他们烧烤啊，拿啤酒什么的，但是全程根本无法参与他们的聊天。

那次烧烤是我吃得最痛苦的一次，我深深地体会到，你的"内功"不够，

再厉害的圈子你也挤不进去，就算像我那样硬挤进去了，自己也会很难受，对方也不接纳。

02

有时候，为了融入一个圈子，有些人削尖了脑袋去往里凑，那样只会被别人用异样不屑的眼神看待，很容易就像当年的我一样，被人看成一个小丑，把自己搞得狼狈不堪。

还有更惨的，非要挤进一个和自己身份地位不同圈子，结果轻则被赶出来，有的甚至因此而丧了命。

《水浒传》里有梁山一百零八将，有人在山上吃肉喝酒，有人在山下看门放哨，地位不同，圈子也不同。

有一个情节是，韩伯龙入伙后，在山下开了一间小店，有次李逵吃酒不给钱，他很生气，就说："老爷是梁山泊好汉韩伯龙的便是！本钱都是宋江哥哥的。"

他以为和宋江是一个圈子里的，想以此震慑李逵，谁知道李逵压根儿不带问底细的，直接一板斧把他砍死了。

可怜他自以为在圈内，结果被圈里人砍死的时候人家都不认识他。

水泊梁山一直都是有圈子之分的。宋江在未上山之前，无论发配到哪儿，都有一帮人追随。

宋江原本不想上梁山，但梁山却希望他去。卢俊义不想去梁山，梁山却欢迎他。被李逵杀死的韩伯龙挤破头想去梁山，梁山还是没给他名额，最终还命丧于李逵之手。

福楼拜的《包法利夫人》写的就是一部活生生的挤圈失败史。

艾玛渴望进入巴黎贵族的圈子，却偏偏逃不了穷裁缝女儿的出身和嫁给平庸的农村医生的事实。她不甘心。

为了挤进巴黎贵族圈，她去参加伯爵的宴会，一番折腾狼狈归来。她搭讪乡绅，包养巴黎大学生。她不肯放过任何向更好圈子进军的希望，却一次次被抛弃，伤痕累累。

想要进入更好的圈子，唯一可以做的就是强大自己，只有你让自己变得有价值，才会有圈子围绕着你转。

直接点说，圈子难融，不必强融。融不进去的圈子，那也不是你的人脉，倒不如精心修炼，以后自然有圈子欢迎你进入。

03

所谓的圈子，都只是你开始变得越来越优秀的衍生品而已，不是你刻意追求就能拥有的。

朋友小博创办了一个农产品的商城，事业做得风生水起，后来她想把自己这些年轻创业的经验总结出来形成课程，帮助到更多的人。

于是，她一个和知识付费自媒体没有任何关系的人，开始付费频繁地参加各种培训，同时推出了自己的知识付费产品。

没过多久，她就加入了各种在我看来都很“高端”的圈子，并且在高人的指点下一路迅速成长。

她的故事让我深深地意识到，想进入高端的圈子，不是你要费尽心思在圈子本身，而是只有当你开始不断成长，你自然就会吸引到优质的圈子。

有时候，我们会觉得优秀的人不合群，其实人家只是不愿意和你沟通，毕竟认知不同格局不同，是很难聊到一起的。

而且，想进某个圈子还是要靠实力说话，不是你想进去就能进得去的，加上如今的圈子越发复杂了，没有硬功夫还真挤不进去。

有个网友，就特别羡慕那些大咖们，于是想尽办法加对方的微信，给对方留言，千方百计靠近别人。无奈他虽有入圈之心，却没有入圈的资本，最后只能落荒而逃。

有次他看见有个大咖组织了一个线下聚会，他就自己主动去了，谁知道人家约在一起是聊一个项目，根本无法让他参与，当时的尴尬可想而知。

我认识的人里面，但凡是发展得好的，在最初，都不会花太多时间非要去混圈子，而是用心修炼自己的内功，让自己变得优秀。

我很喜欢作家雾满拦江对“圈层”的说法，他说：“不是你的人脉你够不着，因为你的认知上不去，就算你进了那个圈子，也没有办法成为真正的朋友。”

有人对此打了个很贴切的比方，说就好像幼儿园的孩子进了大学，大学的学生哄哄你还可以，但是要硬跟大家比学业，就只能搞笑了。

所以，实力才是一个圈子的通行证。只有你的认知和能力提高了，你才可能会被更高的圈子所接纳，自然也会有更多的机会、更广阔的资源和更多的人脉。

真正受欢迎的人，都懂得欣赏他人

01

和达因是在价值变现研习社认识的，在几乎没有深入交流的情况下就被她圈粉，就连我和迪雅每次聊天，都会情不自禁提到她。

关键是，她人在美国，有时差，在网络上相遇的次数都是可以数得过来。

到底为什么会被她吸引呢？

直到前几天她忽然在一个微信群里冒泡时，我找到了答案。

她来之前，我们大家聊了很多内容，她一出现，第一句话就是："太棒了！"

我留意了下，无论她说什么，都不会忘记"太棒了！"

这让我联想起，她第一次找我聊天，就说感觉文芳老师太棒了，说实话，那会我猜测她一定不怎么了解我，但我就是很受用啊，默认自己很棒（不要脸）。

她公众号转载过一篇我的文章，据说阅读量还可以。

于是，但凡是我们在一起的微信群，聊到写作，她都会说，文芳老师写作很厉害，她的一篇文章在我的号上阅读量比我自己写的高多了。

前阵子我发了一条朋友圈，说自己的工作室开张了，她立刻帮我发了一条朋友圈，还说我是她写作路上的引路人，实际上，我也只是和她私下沟通了几次关于写作的心得而已。

再就是我推出了一对一约聊，她就在群里说，文芳老师超棒啊，给了我写作上的很多引导。

你们发现了吗？

她特别会欣赏别人，而且会把欣赏毫不掩饰地表达出来。

仔细想想，身边那些受欢迎的人，其实都有这个特质，就是懂得欣赏别人。

02

我记得有位名人说过这样一句话，大意是说，当你懂得欣赏别人，不仅能给人以抚慰、温馨，还能给人以鞭策，使人的潜能被充分地激发出来。

这点我深以为然，每当有人欣赏我，我就会更加努力，也许就是这个道理。

台湾作家林清玄就有过类似的经历。

他读高二时被记了两次大过，两次小过，还被留校察看。

由于他的学业和操行都是劣等，大部分老师对他很失望。

唯独语文老师王雨苍先生很欣赏他，常常把他带到家里吃饭，自己有事请假时，还让林清玄给同学们上语文课。

王老师对他说："我教了 50 年书，一眼就看出你是个能成大器的学生。"

这句欣赏的话让林清玄感动和震撼，他发奋努力，决心不负老师的厚望。

后来大家都知道了，林清玄成了著名的作家。

试想一下，如果没有王雨苍先生对林清玄的欣赏，或许他就不会发奋，我们也看不到他那么多的优秀作品了。

巧的是，作家列夫・托尔斯泰在出名前，也是因为得到了当时著名作家屠格涅夫的欣赏和肯定，激发了他对文字创作的热情，并坚持写了下去。

据说，列夫・托尔斯泰写了一篇小说为《童年》，发表在一本杂志上，当时他的初衷仅仅是为了打发无聊的日子。

结果，就在 1852 年秋，屠格涅夫在野外打猎时无意中捡到这一本杂志，被《童年》吸引。虽然当时的作者列夫・托尔斯泰没什么名气，但屠格涅夫却四处打听作者的消息，并且找到了作者的姑母家，甚至还跟作者的姑母一再强调："这个年轻人继续写下去，前途无可限量。"

由此可见，懂得欣赏别人何其重要。

威廉・詹姆斯说："人性中最深切的心理动机是被人赏识的渴望。"

其实，我们每个人都渴望得到别人的欣赏，而欣赏与被欣赏，是一种互动的力量之源。

欣赏别人的人就会心情很好，有成人之美的善念。被欣赏的人呢，就会被激发出向上的志气。

03

当然了，欣赏别人不是廉价的吹捧和无原则的夸奖，那就成了我们平常说的拍马屁，大部分人都是很反感的。

更不是投其所好的精神按摩，也不是卑躬屈膝的精神行贿。

你那样做的结果，只会适得其反，让越来越多的人更鄙视你。

正确的做法是，发现别人的长处，并真心加以尊重和学习，使之变成促进自己进步的力量。

换句话说，你欣赏别人，无形之中也在提高着自己。

就说文章开头提到的达因，她人在美国，主业很忙，副业也做得风生水起，这和她懂得欣赏别人多少有些关系。

你欣赏别人，就会更容易看见别人的长处和优点，这也是有利于自己成长的。而且，当你懂得欣赏别人，也会吸引更多的人欣赏你，愿意和你合作，你自然就会成长得更快。

那么，欣赏别人的“正确姿势”是什么呢？

尤其是在虚拟的网络上，大家彼此都不是那么了解，如何能够更巧妙地表达你对别人的欣赏呢？

我总结了两个方法，分享给大家：

第一，多描述细节。

欣赏他人不是就傻乎乎地说“我欣赏你”，一定要注意强调你欣赏对方的细节。

比如达因提到我，就会说我那篇文章在她的号上阅读量还不错，这就显得有根据了。你想要向一个人表达对他的欣赏，就要多关注对方，记住对方让你欣赏的一些细节，这样对方就觉得更加真实。

第二，初心是真诚的。

我是一个不喜欢套路的人，所以，你向他人表达你的欣赏，切记你的初心是真诚的，所谓讨论都是为了让对方更好地感受到你的初心。

如果你的初心不是真心地欣赏，而是有意巴结，那你讲再多的细节都是没有用的。

其实，每滴水里都藏着一个太阳，每个人身上都有闪光点。

从现在开始，去欣赏他人吧，你一定会越来越受欢迎的。

你的人脉圈暴露了你的高度

你的财富和智慧等于最亲密的5个朋友的平均值。

一个人赚的钱87.5%来自人脉关系

在网上看见这样一个新闻：一名5年前就年薪30万的银行行长辞职当了农民，回家承包了1000余亩山搞种植。

坦白说，这个新闻本身并没有那么触动我，毕竟海归、高管之类的优秀人才下乡务农的新闻几乎每隔一段时间就会冒出来几个，不是新鲜事。

但新闻中有两个细节引起了我的注意。

第一个细节是：这个银行行长的父亲原来就是兴安县园艺场的厂长，注意不是普通的农民，而是厂长。

第二个细节是：这个行长曾创造了在朋友圈一天卖2000斤猕猴桃的纪录，就算1斤5元钱，那一天的销量也是1万元啊。

这2000斤猕猴桃背后可都是一个个真实的人，虽说猕猴桃不是什么金贵物品，但至少说明，人家行长朋友圈里的人都是有消费力的，反正如果换成我，我的朋友圈是没有这个购买力的。

的确，这个行长能有今天这样的成绩，必然和他的努力付出分不开，但他的人脉圈也一定起了不小的作用。

他的父亲以前是园艺场的厂长，家里的人脉圈想来要比普通农民的层次高一些，所以他回家不是当普通的农民，而是承包了1000余亩山地。

而他离职前在银行当到了行长，人脉圈的层次也不会太低，这从他一天能卖出 2000 斤猕猴桃就能看出来。

当然了，新闻事件本身或许不能说明什么，但显而易见的是，一个人的人脉圈对于其事业的发展是有着非常重要的作用，甚至直接影响着一个人的事业高度。

在好莱坞就流行着这样的一句话："一个人能够成功，不在于你知道什么，而是在于你认识谁。"

可见人脉对于成功的重要性。

斯坦福研究中心的一份调查报告也曾指出：一个人赚的钱 12.5% 来自知识，87.5% 来自关系。

而美国商业哲学家吉姆·罗恩直接提出了这样的理论："你的财富和智慧等于最亲密的 5 个朋友的平均值。"

有人说："人脉投资是世界上威力最猛的投资，人脉所产生的效果是所有投资的总和。"

当你的人脉圈层次够高，你就可以从中获取足够多的信息、资源甚至资金。

而且，层次高的人脉圈也能够促进自身的发展，无论是人生观、价值观还是世界观，都会不同程度地被洗礼和调整，自身也会变得越来越有格局。

所以，你拥有的人脉，影响着你事业的高度。

人脉就是人与人之间的价值交换

既然人脉圈这么重要，那么，到底什么是人脉呢？

王利芬曾说过："所谓人脉，就是人与人之间的价值交换，没有价值的人脉是一种短暂的求助关系。"

而美国著名的社会学家霍曼斯也在他的社会交换理论中指出："任何人际关系，其本质上就是交换关系。"

这样看起来，实力相当的人总是在一起就不难理解了。

你的"可交换价值"越大，你才能吸引同等"能量级"的人，毕竟人与人之间的交往也确实存在赤裸裸的利益关系，你总得有值得我去和你交往的东西。

这也就决定了交往的层次也是由自身实力所决定的，你的层次越高，你周围的人的层次也越高，你所能利用的资源也就越多。

我认识一个前辈，他总是能在有了新的创意后迅速找到投资他的人，让我们都很羡慕。

有次一起吃饭，恰好有个他的投资人也在场，我们好奇为什么他们喜欢投资前辈呢？那个投资人很直接地说："因为他的创意往往都能帮我们赚到钱。"

原来这几年，前辈创立的几家公司运营得都很好，其中一家公司创立当年就盈利了，目前已经到了第三轮融资，市值已经过亿了。

我这才恍然大悟，不是说投资人喜欢投资前辈，而是他能回报给投资人更多的收益。

所以，当你抱怨你的人脉圈层次不高时，应该回看自己，你能给身边的人提供什么价值呢？

据说，携程网的两位创始人沈南鹏和梁建章第一次相识是在 1982 年第一届全国中学生计算机竞赛上，这两个 15 岁的神童同时获奖。

或许当时他们不会想到两人会联手创造一个中国互联网产业的奇迹，但至少他们要好，是因为都很优秀，都可以给彼此提供价值，而不是谁依附于谁。

自身实力决定人脉高度

前几天无意中读到这个小故事，觉得很有趣。

战国时期，齐国有一位著名的学者名叫淳于髡，深得齐宣王的信任。

齐宣王喜欢招贤纳士，于是让淳于髡举荐人才，结果，淳于髡一天之内接连向齐宣王推荐了七位贤能之士。

齐宣王很惊讶，表示不太相信，大意就是说："人才是难得的，一年之内才能找到一个，而你一天之内就推荐了七个贤士，那贤士是不是太多了？"

淳于髡的回答非常精彩，他说："这是因为天下同类的事物，总是要相聚在一起的。”

我淳于髡大概也算个贤士，所以让我举荐贤士，就如同在黄河里取水，在燧石中取火一样容易，我还要给您再推荐一些贤士，何止这七个！

这个典故也是“人以群分，物以类聚”出处，在生活中，我们也不难发现，各项条件相似的人，总是更容易成为朋友。

说直接点，就是你的实力决定了你的人脉高度。

记得毕业第一年，我在一家公司做文员，那会交的朋友也都是和我一样刚毕业出来打工的。

我印象很深的是，周末去书城参加一个读书活动，自我介绍完之后，发现愿意和我走近的，也都是我一样没有什么实力的。

那些高官、老板，自然地就坐在了一起。

你是什么层次的人，你就只能吸引同样层次的人，你有实力，你的人脉圈才会有高度。

有专家曾观察过，就连在幼儿园里，玩具多的孩子会更容易被其他孩子当作朋友。

就像网络作家羲和清零在《助理建筑师》中说的那样：“人脉固然重要，都比不上自身实力重要，因为实力才是交朋友的资本，否则即便有人脉也是白搭。”

的确，唯有让自己牛起来，人脉自然会来找你，如果你什么都不是，你就没有人脉。

提升自己才能提升人脉

有人说：“一个人的实力哪里是那么容易提升的，尤其是金钱、地位、名誉，这些看起来都距离普通人很遥远。”

的确，有些资源的获得会更多地依赖出身和运气，但有些资源却可以从零开始的。

比如一个人的才华与学识，我们没有必要抱怨那些自己没有的，而是可以集中精力改变那些能够改变的。

专心打造自己，把自己打造成一个优秀的人、一个有价值的人，就等于打造了自己的人脉。

因为你不优秀，认识谁都没用，别一味地追求人脉，而是要把自己变成人脉。

有专家说："你最常接触的5个人，平均起来就是你自己，一个人的人脉圈，决定了他的事业高度，也预示着他的未来。"

请你好好想想，在你身边，这5个人是谁?

闺密的格局影响着你的人生层次

能够拔刀相助的闺密显得尤为重要，但是我觉得，更重要的是，闺密能够给予我们向上的力量，带领我们走出人生的低谷。

01

《我的前半生》很火，里面很多剧情到现在依然会被大家提起。我最喜欢的一个人物就是袁泉饰演的职场精英唐晶，不是因为她在工作上有多么能干，而是她对闺密子君的仗义打动了我，当时被网友们冠以“最仗义的闺密”。

尤其是当陈俊生提出要和子君离婚后，唐晶没有像其他闺密一样，义愤填膺地咒骂出轨的老公有多么的无情，转身就劝说不要轻易离婚。

而是很冷静地告诉子君，必须面对现实，先找到一份能够养活自己和儿子的工作。

子君吃了安眠药被送到医院，唐晶在得知子君身体已经没有大碍后，连夜带子君离开医院，赶回家里帮她查找适合的岗位信息。

面对依然对工作挑三拣四的子君，她说：“人这一辈子，总会有那么几个时刻，逼着你不得不离开自己的舒适地带。”

并且提醒子君，你已经不是衣食无忧的陈太太了，你和普通的打工妹没有什么区别。

从始至终唐晶向子君传递的信息都是“你不能依靠任何人，只能靠你自己”，某种程度上，她扮演了闺密子君的人生军师，引导她从人生的低谷慢慢地走出来。

闺密之间的情谊，其实也就是友情，关于友情，我很喜欢培根的这段话：“友谊不但能使人生走出暴风骤雨的感情而走向阳光明媚的晴空，而且能使人摆脱黑暗混乱的胡思乱想而走入光明与理性的思考。”

人生难免会遇到各种各样的坎儿，这种时候我们最容易情绪低落而失去思考和判断力，闺密的导向就显得尤其重要。

而像唐晶这样的好闺密，引导着子君走入了光明与理性的思考，帮子君改变了人生航向，让其余下的人生提高了一个层次。

试想一下，如果子君没有唐晶这样的闺密，那么，可能她这辈子都会是那个依靠男人养活的一无是处的“某太太”。

02

关于闺密对彼此的影响，我听过这样一个真实的故事。

小丽和小梅是大家公认的好闺密，两个人都长得很漂亮，大学毕业后，小丽选择回到自己的家乡——陕西的一个小县城。

然后在家人的介绍下，嫁给了当地一名公务员，衣食无忧，和子君一样做了全职太太。

小梅研究生毕业后，留在了深圳，然后开始了一段人人都羡慕的恋情。

男朋友是互联网领域的，这几年流行创业，男朋友也和几个朋友合开了一个公司。

结果，由于经验不足，公司很快就倒闭了，原本就没有多少积蓄的他们生活也变得捉襟见肘。

那段时间，小梅几乎天天找小丽倾诉，小丽总是劝小梅分手，然后回到自己的家乡，过和她一样毫无压力的生活。

起初，小梅是抗拒的，但是当上了一天班，回到她和男朋友租住的简陋的农民房，再看看小丽发来的正在做 SPA 的照片，她慢慢心动了。

后来，小梅终于还是听从了闺密小丽的建议，和男友分手后回到了自己的家乡，在小丽的张罗下，她也嫁给了一个有稳定收入的男人。

最开始小梅在当地一家企业做文员，闲着没事做的小丽，每天不停地约她逛街、打牌，要么就是去SPA，时间一长，小梅干脆也辞职了。

于是，小丽终于成功地将小梅变成了和自己一样无所事事的全职太太。

两个人成天里除了聊娱乐八卦，就是老公和孩子，就算她们的老公不出轨，那么，她们接下来的人生，也注定了会平淡无奇。

小梅在男朋友创业失败后找闺密倾诉，闺密没有劝她尽快振作，也没有给她好的建议，而是劝她选择退回舒适区，放弃努力。

这种行为，就是间接地拉低了小梅的人生层次，原本她有可能陪伴男朋友度过困难，收获幸福的爱情，就算男朋友无法再次创业，和男朋友一起奋斗的过程，也会提升自己的能力。

但就是因为身边有一个不求上进的闺密整天劝她不要活得那么辛苦，她的人生航向，也就此改变了。

如果小梅的倾诉对象是唐晶这样的闺密，或许，她会选择留下来和男朋友一起面对困难，而不是逃回家乡。

有人说，有什么样的眼界和胸襟，就看到什么样的风景，站在山脚，注定了无法体会一览众山小带给心灵的触动。

而一个没有格局的闺密，自然也不会在你迷茫时，给你高瞻远瞩的建议，而只会把你拽入她的生活圈子，拉低你的人生层次。

03

金星曾经在一期节目中，专门聊过闺密的话题。

她说，女人是心灵上的动物，精神随时随地都在沟通，连上个厕所都不会停。

男人是无法满足女人的这种精神交流的，所以闺密在女人的生活中，扮演着非常重要的角色。

这也就可以想象，闺密之间的相互影响有多么大。而影响是正向积极的还是消极的，这就和闺密本身的格局有关了。

在《知乎》里关于“闺密”的话题讨论中，有一位网友的说法得到了很多人的赞同：“闺密选得好，弯路走得少！”

是啊，女孩子喜欢倾诉是天性，闺密就是最好的倾诉对象了，所以几乎每个女生都有闺密，我也不例外。

尤其是在遇到挫折或者面临人生的重要选择，女人首先想到的是听听闺密的建议，而且，闺密的建议往往直接影响着最终的抉择。

好闺密，会在你犯错误时直言相劝，哪怕被你误解，也要理性地帮你作出正确的选择，而不是一味地附和着你的情绪。

正所谓近朱者赤近墨者黑，有一个有格局积极上进的闺密，就像唐晶那样的，自然会不断地提升人生的层次。

而如果闺密本身就是一个不求上进、混日子的人，就像小丽，自然也会拉低闺密的人生层次。

04

金星说：“真正的闺密是要走心的，路遥知马力，日久见人心。真闺密、假闺密，不在于多亲密，只有在你最低谷的时候才能看到人心。”

她说，真正的闺密，是当你火的时候她远远地静静地看着你，绝不往你身上贴，当你落魄的时候，她二话不说，雪中送炭，拔刀相助。

我们大多数人这辈子可能都体会不到“火”的感觉，但在人生的路上，我们总是遇到这样或者那样的坎儿，落魄在所难免。

而能够拔刀相助的闺密就显得尤为重要，但是我觉得，更重要的是，闺密能够给予我们向上的力量，带领我们走出人生的低谷。

所以，遇到像唐晶那样有格局的闺密，就好好珍惜吧。

逛微信群的三层境界，80% 的人都在最底层

01

以前我们都爱说逛街逛吃，而今越来越多的人热衷于逛微信群了。

于是网上就有人吐槽，说自从微信群闯进我们的生活，逛微信群就是许多人每天必做的一件事情了，听到群消息提示，心和手都发痒。

而且我们每个人拥有的微信群数量也挺多，少则几个，多则几十个，客户群、同事群、同学群、闺密群……

如果每个群都用心逛，显然 24 小时都是不够用的。

但我们却忽略了一个事实，那就是逛微信群也是分境界的，有人逛微信群是找资源、找机会，而有的人，纯属是浪费时间。

朋友小媛逛微信群就只有一个目的，那就是抢红包，网上流传的“古贤追落日，今者抢红包”说的就是小媛这样一群人。

他们逛微信的主要目的就是抢红包，当然那些开外挂抢红包的不在此列。

为了抢到更多的红包，他们唯有不停地逛微信群，没事就刷一下，唯恐落下一个红包。

“也抢不了多少钱，运气好就能出来个外卖钱。”小媛说，抢红包就图个心理安慰，而且也是因为习惯了逛微信群。

想来还真挺可悲的，大把时间用来在各大微信群抢红包，这让我想起了在路边乞讨的人。

这类人就属于逛微信群的最低境界，只想着从微信群里得到，而从来不懂得付出，而且这类人还有个特点，就是喜欢看热闹。

有些人虽然没有那么热衷于抢红包，但是喜欢围观群里的讨论，无论别人

聊了什么，和自己有没有关系，对自己有没有用，都会把群聊天从头看到尾，这也是极为浪费时间的，说大了就是在白白消耗生命。

02

其实，既然忍不住要逛微信群，那就在逛的时候努力找到一些对自己有用的资源，总好过白白浪费时间和精力，这是逛微信群的中间境界，比最低境界高一点。

处在这个境界的人，看似是逛，其实是在“淘宝”。

前天在写作群里，大家聊到素材来源，女贞姐姐说了这样一段话：“刚才在另一个群溜达，忽然发现她们都在闲聊，好恼，感觉浪费我时间，然后我就硬找，从她们的聊天记录抄下来五六个‘金句’，这才心理平衡。”

当时正随便逛的我，看见这句话，愣了一下，原来有人是这么逛微信群的？

赶紧请教了下女贞姐姐，她说，这是让自己的时间最大效益化。

的确，既逛了微信群，又得到了自己想要的，是比纯粹瞎逛要划算得多。

在一家互联网公司做人力资源的朋友谢军就深谙这个道理。

他进入了数不清的行业群，并且每天定期逛一遍，但他会重点关注群里活跃的、能够贡献有价值内容的人，然后单独加他们的微信，并且通过私聊掌握他们的专业以及特长。

“慢慢地，我就积累了自己的人才库。”谢军说，互联网行业人才流动快，公司项目也经常要创新，所以人才需求也是机动的，而他自从学会了从各大微信群搜索人才之后，再也不为招不到人而发愁了。

其实，谢军也好，女贞姐姐也好，他们都有一个共同点，就是带着目的逛微信群，一旦得到对自己有用的信息，就立即据为己用。

微信群对他们而言，就是资源库，而逛微信，也就是发掘对自己有用资源的一种方式。

03

还有一类人的境界最高，他们无论进到那个微信群，都会把大家的注意力吸引到自己的话题上，聊出自己需要的观点。

当然这也有个前提，就是你要聊的话题要足够有深度和吸引人，对大家也有帮助。

另外，古话说，物以类聚，人以群分，微信群也适用于这个道理，所以这个境界的人，从来不会盲目进入一个群，而是会选择进入对自己有用的、和自己隶属于同一个群体的微信群。

小朱是手绘爱好者，他业余时间开微课教一些成年人学画画，所以他进入的微信群都是一些热爱学习的人组成的社群，比如读书群、写作群等。

而他进群之后，都会主动找群主介绍自己，在群里也积极主动地为群员们免费提供头像设计等，也会把一些自己的设计作品发到群里让大家免费欣赏，每次都会引发大家的讨论，无形之中，他就宣传了自己的个人品牌。

也有更厉害的，自己就是群主，定义微信群的规则和玩法，他们逛微信群，就相当于领导视察工作，然后看下大家的参与程度再调整规则。

总之，这个境界的人，逛微信群是为了给更多人提供价值的，更多的是付出，而不单单是索取，但他们也往往是收获最大的人。

04

当然了，最近也有越来越多的人开始退出微信群，因为大家发现，自己被微信群“绑架”了，看见红点就忍不住要去点，浪费了太多的时间和精力。

有心理学家说，退群是自然选择，也等同于在过滤复杂的信息，很多人由压力产生焦虑，不想把时间浪费在碎片化的信息中。

这点我也有感触，针对我加入的几十个微信群，我都会定期整理，不感兴趣的就选择退出，现阶段重要的就会置顶。

毕竟微信群还是有其优势的。比如建立微信群不需要验证，群里任何人都可以“即拉即入”，沟通起来非常方便快捷。

对于那些没有什么营养的微信群，我建议退出，没必要把时间浪费在这些没有意义的事情上。

而且，有那个工夫加入各种微信群，还不如集中精力让自己成长起来，努力成为能够为别人提供价值的人更实惠。

那么，逛微信群的这三层境界，你在哪一层呢？

据说 80% 的人都在最底层。

成人世界的人际交往中有哪些潜规则

《知乎》上有一个刚入职的网友遇到了人际交往的问题，他苦恼的是，人际交往中有哪些类似的规则或者潜台词？怎样可以尽快地变得“世故”一些？

其实，在我看来，在人际交往中，我们不是要变得多么“世故”，而是要通过对人性的了解和掌握，让自己在人际交往中更加成熟、更加智慧。

刘墉在《你不可不知的人性》的前言中是这样说的：“我们应该认知人性，认知我们都是人，有人的恶，也有人的善。甚至，我们应该能由人性的丑恶中，看到人性的善良。”

所以，认知到人性丑恶的一面不是我们的最终目的，而是要在了解了人性的丑恶之后，我们能够有谅解，能看到更多人性的善良。

别人帮你是情分，不帮你是本分

在世界上，除了父母兄弟姐妹，没有人有义务帮助你。

别人帮你是情分，不帮你是本分，甚至大多数时候，父母和兄弟姐妹都没有义务帮助你。

所以，千万不要抱怨甚至记恨那些在你需要的时候没有帮助你的人。

当然了，如果别人喜欢你，帮你的可能性就大一些。

卡耐基在《人性的弱点》中，提供了六种让别人容易喜欢你的方法：

第一，真诚地关心别人。

维也纳已故著名心理学家阿尔弗雷德·阿德勒写过一本书叫《自卑与超越》，在那本书中，他说：“对别人漠不关心的人，他的一生困难最多，对别人的伤害也最大。所有人类的失败，都是由这些人造成的。”

人际交往中，真诚和真心最重要，想要对方感受到，就是要用真心和热情去对待别人，没有捷径可以走。

第二，微笑。

古话说，伸手不打笑脸人，而且，微笑会使人明白，我喜欢你，你使我快乐，我很高兴见到你。

第三，牢记他人的名字。

富兰克林·罗斯福认为记住一个人的名字，是一个最简单、最明显、最重要的使人获得好感的方法。

第四，做一个善于倾听的人。

有相关专家论证，一个人对于自己脖子上痒痒的在意要远远超过对非洲40次地震的关注。

你想要别人喜欢你，自己就要做一个善于倾听的人。

第五，谈论别人感兴趣的话题。

别人感兴趣的话题才能引起别人的兴趣，别人也才会愿意和你沟通。

第六，让别人感到自己重要，并真诚地照此去做。

总之，通过一些努力，可以让多一些的人喜欢自己，也会在你需要帮助的时候，多一些可能性。

不要轻易找别人借钱，也不要轻易借钱给别人

金钱可以在朋友间互助，但不要让它成为友情的试金石。

2013年有一个在坊间流传很广的小游戏：发给你认为最好的20个朋友一条短信，说现在遇到点麻烦，需要问你借××万元钱，两个月之内归还。如行的话给我电话，不行就发个信息吧，也不要紧，我等你答复。

然后，静静地等待五花八门的拒绝信息，接着你就知道这20个朋友是不是真朋友了。

其实这种做法是不可取的。

理性来说，借钱给你是情义，不借给你是理所应当。

因为我们每个人对于钱的感受是不一样的，同时还会受到现实因素的影响。

不能因为你向某个朋友借钱，对方不借给你，你就认为对方不够朋友。

这里面存在两个认知误区：

第一，你认为金钱和人际关系是对等的。

第二，你自认为对方是很好的朋友，但是对方却不认为你是他很好的朋友。

所以说，钱是个很特别的东西，一直被视为羞于谈起的内容，也正因为这样，我们常常不把钱的事在前面讲清楚了，反而就容易在后面受伤。

总结下，不要轻易向别人借钱，也不要轻易借钱给别人。

别人如何对你，都是你自找的

别人对待你的方式，都是你所教的。

汪翔在《奥巴马大传》中，记述了一个真实的故事。

奥巴马的父亲——老奥巴马，和外祖父斯坦利一起约了一些朋友到酒吧喝酒，他是那些人中唯一的黑人。

正当他们喝到高兴的时候，酒吧进来了一个白人。

那白人一看到店里的情形，就对服务生高声怪叫道："这么好的酒让黑鬼喝了，不是太可惜吗！"

人们一下子安静下来，等待着一场恶斗。

出人意料的是，老奥巴马平静地站起来，走到那人面前，非常礼貌地向他解释人人生而平等，黑人和白人拥有同样的权利等道理。

最后，那位白人被老奥巴马的修养和道理所折服，自愿拿 100 美元买他的原谅。老奥巴马接受了这 100 美元，原谅了他。

老奥巴马教会了别人如何尊重自己。

其实我们每个人都在无意识中教会了别人如何对待自己。

因而，不要再抱怨别人怎么可以这样对待我？其实，这一切都是你教会了别人如何对待你。

具体的做法就是：明确直接地表达自己真实的需求。

这样做的好处是，对方知道你喜欢什么，自然就不会用你讨厌的方式对待你了。

这里有一点要明确下，就是在人际交往中有个互动机制是投射与认同，就是当一个人羞辱你、挑剔你，有时候并非是你的错，而是他自己的问题。他是把自己内心的东西投射到你身上了。

明白这一点之后，我们就可以笑对一些无理攻击了。

适度的功利心才能帮你找到贵人

人际关系中，功利心太强，难以结交到真正的朋友，但投资人脉也得有目标，有计划，比如什么样的朋友不能交，什么样的朋友也许会是自己未来的贵人。

适度的功利心，可以帮我们构造一个好的人脉圈。

所以，我们要主动多结交帮你上进的朋友。

我们很多人都会选择和自己差不多的人在一起，因为这样相处起来更轻松，不会有被压迫的感觉，也不会有话不投机的尴尬。

更有人喜欢和比自己差的人相处。

这些对自己都是没有任何好处的。

古话说，近朱者赤近墨者黑。你和什么样的人在一起，慢慢就会变成什么样的人。

具体做法是：

第一，可以报班学习。

无论是线上线下，无论是你的专业知识还是你的兴趣爱好，报班参加，你都会认识新的比你更强的朋友。

第二，多参加线下活动。

现在每个城市都有各种各样的线下活动，读书、徒步等，这样的活动能够结识各行各业的人，其中不凡比你强的人。

第三，主动链接。

现在互联网非常发达，只要你用心。你可以通过各种方式链接到比自己强的人。

总之，努力做好自己，在力所能及的范围内尽可能给予他人帮助，你的人际关系一定差不到哪里去。

对不起，我的劳动很贵

身边总有一些人，觉得你的付出是理所当然，甚至还会一而再再而三地要求你为他们提供免费的服务。

这样的人，显然是没有付费意识的，凡事不想出钱解决，那么在思考的时候，花费精力、时间，往往花费成本更高，这也说明他们视野比较狭隘，生活自是一般。

而有付费意识的，也就是习惯性用钱解决问题的人，过滤掉了一切浪费时间的因素，通常生活得更好。

01

有一次，在一个微信群里，小怡说，有人不尊重她的时间和付出，心情很不爽。

原来是有个同事得知小怡业余时间在为人提供职场咨询的服务，就想约她周末一起聊聊如何和下属更好地相处，她建议对方通过在行约她。

意外的是，那个人对她收费一事表示不解，还吐槽她太在乎钱。

她觉得很委屈，就来群里问我们怎么办？

群里的 Cindy 说："既然认可自己的产品，就必须收费，如果不收费，别人还会怀疑你的价值。"

其中有一位互联网大 V 也表示："不要无偿"。

而在我看来，那些总想要你免费提供服务的人，是一个不值得帮的人。你帮了他，后果是他觉得你该一直帮他，甚至可能要求你更多地帮他。

因为人总是希望不劳而获的，总是希望能够占到他人便宜。

就像小怡的这位同事，他明明知道小怡提供的服务会对他有用，但却不舍得花钱，其实就是占小便宜的心理在作祟。

最终群里的朋友们一致认为，不要无偿为别人提供服务。

就算是对身边的朋友不收费，也必须要明确告知对方你对其他人是收费的，尽管最终他不给你钱，你也要让对方知道你的付出是有价值的，不是无偿的。

而那些不愿意付费的人，也一定要远离。

02

我始终相信那句话，愿意为你的劳动付费的人，才是最可靠的人。

小花的男朋友是台湾人，几乎全年的大假，她都会陪男朋友回台湾。

于是，身边的朋友都让她帮忙从台湾带东西。

起初，小花是有求必应。

时间一长，小花就有些受不了了。

因为要她带东西的人越来越多，东西的种类也越来越丰富。在这件事情上花费的时间也越来越多，她本来是去度假的，结果变成了代购，还是无偿的。

后来她就陆续拒绝帮人带东西了。

只有一个人例外，她每次去台湾前，都会主动问对方要不要带东西。

倒不是对方是她多么要好的朋友，仅因为，每次小花帮她带了东西，她都会发一个小红包。

有时是 6.6 元，有时候是 8.8 元，最多的一次也只有 9.9 元，金额很小，但小花觉得很温暖。

“至少说明她懂得尊重我的劳动。”小花说，不是看中那几元钱，而是透过这个小细节，能看出对方是一个靠谱的人，懂得体谅她的付出。这和那些只知道让她帮忙带东西，而从来不懂得感谢的人比起来，靠谱多了。

记得在网络上看过一篇说友情的文章，里面有这样一段话很有道理：“不是朋友会画图纸，你就可以理所当然认为装修有保障；不是你朋友在国外，就应该为你跑遍整个城市只收你贴牌价；不是朋友没有工作，你就可以使唤她。”

说到底，人和人之间，朋友也罢，同事也好，都不是理所当然的。

03

就这个话题，我请教了一位在知识付费领域做得比较好的朋友，他说，你试想一下，除了极为要好的朋友，你愿意把你的经验技巧分享给不付费的人吗？

当然，也有人免费将经验和技巧分享给大家，但那些大多是通用性的技巧，价值自然不会太高。

小怡的那个经历说出来后，群里就有小伙伴提出来，但凡是对方愿意付费的，准备的时候会更加认真。有偿和无偿，质量还是不同的。

作家石康曾经说过：“人们特别喜欢被那些表面低收费或免费的东西所吸引，我曾花了一年左右看有关商业模式的书，结果就是开始注意那些高收费的东西，虽然也搞砸过事情，但总体来讲，我发现高收费的服务与商品往往物有所值。”

这一点，我也感同身受。

以前在没有在行、问答等这些知识付费的平台之前，我想深入了解某个领域的知识，途径就是找到那些领域里面的大V，读他们的书，关注他们的微博、公众号等。

而通过这些途径所获取的知识，很多时候依然无法解答我心中的疑惑。

后来我通过在行约见了秋水老师，还就写作的问题在微博问答付费咨询了秋叶老师，期间也通过微信请教了几个行业里面的前辈，收获颇多。

最大感受就是，他们会依据你的实际情况，结合他们个人的经验和专业知识，或给予你切实可行的建议，或给你启发……

这些，如果你不想付费，只想免费或者低成本地获得是不太可能的。

04

有人说，免费的东西，往往是最昂贵的。

因为除了钱之外，我们还要花时间、人际关系、心情等，综合成本加起来，或许已经超过你要支付的费用。

就像在《你要为自己的未来花钱》说的这句话一样："这个世界上，一个好的、可以共享的资源或者思想，它必然是经历了很多人的打磨，为别人的时间和精力还有知识成本付费，是一个现代人的基本操守。"

有一个做自媒体的朋友最近遇到了一个烦恼。

身边的朋友得知她写文章很厉害，于是总有人请她帮忙写品牌故事、讲话稿等，为此，她制作了一个收费标准，有人请她帮忙，她就先把收费标准发给对方。

结果，身边的有些朋友就说她太势利了，大家是朋友，帮忙写篇文章还收费，也太见外了。

当然，也有一些朋友愿意支付费用给她。

起初她也很难受，慢慢就想明白了，这些人不愿意付费，说明他们不认可她的付出，那她就不付出。

那些愿意付费给她的朋友，她回报给他们的，是比朋友预期还要好的作品。

在这个过程中，她想明白了一个道理：不愿意付费，只想把你当作免费劳动力的人，是不愿意遵守"为别人的时间、精力和知识付费"这个基本操守的人。这样的人，一定要远离。

你的工资，取决于你解决问题的能力

擅长解决问题的人容易被重用

职场上，容易被重用的人，有工作经验丰富的，人脉关系广的，也有很会与人沟通的，但他们都有一个共同点，那就是解决问题的能力都很强。

朋友一凡的公司是做软件开发的，这两年发展得很好，员工由最初的几个人已发展到30多人了。其中有个90后的男生给我留下了很深刻的印象。

因为几乎每次我到一凡办公室聊天，都能碰到他被一凡喊到办公室，有时候是安排紧急的事情，有时候是临时性的事务。我曾好奇地问一凡，怎么总是让这位员工处理呢?

一凡说："他解决问题的能力强啊！"

原来，在软件行业，客户用了产品之后，总是会出现各种各样的反馈，其他员工不是对客户态度不好，就是向公司吐槽产品不好，但这个男生永远都能找到解决问题的方法，并且让各方都很舒服。

所以他虽然只是客服部的一个客服专员，却经常被老板"御用"。上星期一凡公司的客服部经理离职，那个男生毫无疑问成了新一任的客服部经理。

其实，今天的职场氛围比以往任何时候都要开放包容得多，大部分初创公司都没有那么严格的上下级管理机制。只要你解决问题的能力突出，就很容易像一凡公司的那位男生一样被老板发现并且重用。

碧水白露在《从北大高材生被华为辞退中我们需要学到什么》说过这样一段话："新员工解决问题的过程，不仅提升了自身的能力，还会获得领导的高度信任。当你解决的小问题多了，领导自然会交给你大事情。"

我觉得这不单单适合新员工，其实所有在职场中想要得到领导重视的人，都应该提高自己解决问题的能力。因为当你总是能够很好地解决了问题，你才会成为一个让领导放心的人，领导自然就会信任你，重用就是情理之中的事情了。

擅长解决问题的人不容易被淘汰

以前我追过一部韩剧《金秘书为什么那样》，感觉那部剧简直就是一部生动的职场教科书啊。男主李英俊是财阀二世、“有名集团”的副会长，女主金秘书既当秘书又当司机。

剧情一开始，就是金秘书忽然提出离职，一向不可一世的副会长慌张了，表面上没有提出质疑，回到家里却辗转反侧睡不着。为了挽留金秘书，他还一改往日的冷漠与霸道，不但给金秘书一次反悔的机会，还让她升职做理事，答应找人帮她处理日常事务，甚至愿意自费帮她添置房产，解决家里的债务。

虽说后来两人发现彼此爱慕对方，但副会长之所以极力挽留金秘书，有个很重要的原因，就是金秘书解决问题的能力很强，是副会长的左膀右臂。

期间有个情节是，为了超过竞争对手，副会长临时决定 UK 集团仪式中心开馆日期定在七月底，比预期提前了几个月。所有人都有点手忙脚乱，其中就有人提出来，野外的一些作品无法准时完成。

金秘书的回答很精彩，她说：“直接运回来，在美术馆完成最后的整理工作”。看似简单的一句话，却完美解决了这个问题。

类似这样的情节很多，金秘书总是能够及时帮副会长解决问题，所以当她提出辞职时，副会长想尽一切办法要留下她，这样的人，就更不会被淘汰了。

在这个焦虑无限大、问题无穷多的时代，能解决问题的人，很难被遗忘，更不容易被淘汰。

王世民在《思维力：高效的系统思维》中就曾说过：“在工作内容从以月为单位逐渐变成以小时为单位的快节奏中，对问题解决速度的要求也越来越高。思维能力低下，快速解决问题的能力不足的人，势必会被这个高速运转的社会抛弃。”

注意观察就不难发现，每次被公司淘汰的那些人，往往都是解决问题能力很差的人。因此，如果想要在职场中不被淘汰，就要努力提升自己解决问题的能力。

在职场摸爬滚打了10年，踩过无数个坑，也摔倒过很多次，慢慢悟出了一个道理，那就是，其实工作中遇到的每一个问题，都是让自己成长的机会。因为在解决问题的过程中，你既要思考问题，又要制定方案，还要找准路径，这本身是一个很好的学习机会，实力也会随之增长。

就像社会学家鲍波尔说的那样："正是问题激发我们去学习，去实践，去观察。"

记得刚调岗让我负责媒介推广时，我压根不知道什么是cpc① 和cps②，主管让我自己百度，并且给我布置了任务，每天必须要搞定几个合作平台。那会我也不认识任何媒体，怎么办呢？打电话。

那段日子，我几乎把Alexa排名前10000名的网站全部联系了一遍。后来就连凤凰网，都免费给我们提供了广告测试。虽然我什么都不懂，但是我很清楚，为了完成公司布置的任务，我必须解决自己没有媒体资源的困难，当时找出来的方法就是通过电话营销主动联系。

那段经历，让我具备了开拓新业务的能力。回忆我的职场生涯，每一次的解决问题都会让我提升某一方面的能力，让我变得越来越强大。

我特别喜欢读斯科特·派克的《少有人走的路》，在书中，关于解决问题，他也有自己的看法，他说，人生是一个面对问题并解决问题的过程。问题能启发我们的智慧，激发我们的勇气，问题是我们成功与失败的分水岭。为解决问题而付出努力，能使思想和心智不断成熟。

所谓的成长，其实就是解决一个又一个问题的过程。

---

① 全称为Cost Per Click，即按点击量收费。

② 全称为Cost Per Sales，即按实际销售量收费。

你解决问题的能力影响着你的人生

晚情在《做一个有风骨的女子》说过这样一段话："一个人生活得好不好，取决于独立解决问题的能力。如果什么事都要问别人，就算身边高手环绕，智者辈出，人生依然会一塌糊涂。"

其实，职场如此，生活亦如此。毕竟现实中并不是每个人都是善良的、热心的，我们需要不断地提高自己解决问题的能力，减少不知所措、无能为力的状态，才能过得更好。

就像李筱懿在《先谋生，再谋爱》中说的那样："你的痛苦从哪儿来？不过是你的能力解决不了眼下的问题。所以，摆脱痛苦最有效的办法，不是逛街、看电影、泡 SPA，不是向我吐槽，也不是刷朋友圈变相倾诉，而是专心去做能够增强你能力的事情，直到本事大到足以解决目前的问题。"

当我们逐渐能够驾驭艰难复杂的问题时，我们的人生也就到了一定的高度。

褚时健出生农民家庭，为官可做书记，被打成右派到农场改造可做到副厂长，去糖厂做厂长，换成烟厂依然可做厂长，哪怕锒铛入狱，保外就医种个橙子都能种成全国疯抢的褚橙。

当年的北大才子陆步轩，即使毕业后为生计所迫回乡卖猪肉，依然与人联手打造出销量超过 10 亿的壹号土猪品牌，开办了全国屠夫学校，写了本《屠夫看世界》的书。

他们把普通人看似是问题的事情，不但完美解决，还化成了助力自己的优势。这些人之所以是牛人，靠的不单单是学历、经验、家庭或财富，而是其解决问题的能力。

所以，想要过好这一生，那就努力提升自己解决问题的能力吧！

04

真正厉害的人，都很靠谱

所谓靠谱，就是事事有着落

01

前几天工作室接了个文案的活儿，我分配给其中一个文案写手，并且交代了客户的要求和交初稿的时间。

她在微信上表示收到，到了时间，我发微信给她，让她发初稿给我。

“对不起，我不会写，没有写出来。”等了 30 多分钟后，她发了这样一条信息给我。

当时我的心情瞬间降到了零度以下，还好，距离给客户交稿的时间还有三天，我也没有时间和精力问她为什么不会写不提前告诉我。

因为，首要的任务是赶紧找另外的文案写手完成。

而这个人，也被我认为是不靠谱的人，从此被打入“冷宫”，基本上是不会有合作了。

像我们经常写文案的，有时候难免没有灵感、没有好的切入点，这都是可以理解的，但不能接受的是，你在发现自己可能会写不出来的时候，应该第一时间和当事人沟通，而不是临到最后时刻，才说出自己的困难。

在工作和生活中，“靠谱”是一个人最重要的品性，而所谓靠谱，最直接的表现就是“事事有着落”，也就是这个人是否有“闭环思维”。

具体来说，当一个人去做一件事，在一定时间内，不管完成度如何，都要认真地反馈给发起人，告知对方自己目前做事的进度和状态，哪怕是像我和我合作的那位写手一样，工作遇到了困难，也要第一时间告知，这样就不至于耽误发起人的工作。

而一个人如果不懂得“事事有着落”，往往会不受欢迎，甚至会失去一些机会。

电视剧《都挺好》一开局，就是在美国的大哥苏明哲接到了妈妈去世的消息，瞬间伤心难过，立刻就买了机票回国。

当时他老婆吴非提醒他，他们已经约了明哲的上司戴维一起度假，还提出自己可以代他先回国，但苏明哲坚决要自己回去。

当时我留意到，他并没有主动打电话给领导解释，而是让老婆代劳。

虽然事发突然，但从领导戴维的角度来讲，苏明哲就是一个没有闭环思维的员工，约了戴维，自己计划临时有变，应该主动打电话给戴维沟通，并且要在征得对方认可的前提下，再作安排。

所以戴维没听吴非的解释，就直接挂了电话，后来他被辞退了，不能说这个事情是唯一的原因，但至少是其中一个导火索。

所以，做事没有闭环思维，会被认为不靠谱，一个不靠谱的人，是很难在工作上有所建树的。

02

在职场这些年的工作经验，让我意识到，其实很多失误，都是因为没有做到事事有回音造成的。

有个自己创业的朋友在聊天时提到，最头疼的一种员工，就是悄无声息地把事情搞砸了的人。

她说，有次年会，公司请了一个前辈来和大家分享行业趋势，所以公司决定不用酒店的音响设备，从外面租赁品质高一点的。

当时有个员工主动说有朋友在做租赁音响，并承诺能拿到比较优惠的价格，年会负责人当下就把这个任务分配给了他。

谁知道，在彩排当天，那位员工告诉年会负责人，他朋友不做了，他也不了解这个行业，所以没有找到能够租赁音响的人。

当时所有人都被气炸了，音响效果对于年会来说是非常重要的。

还好后来朋友动用关系紧急借调到了音响，年会顺利举行。

但那个员工给所有人都留下了一个办事不靠谱的印象，后来在工作中又犯了几次错误，她就直接把他辞退了。

一个成熟的职场人士，会在接受任务时，明确好任务的关键以及需求，而且会提前考虑做事情的先后顺序，甚至会预测过程中会遇到什么问题、有哪些注意事项……

也就是说，在做事之前，就要先进行一轮闭环思考，并且要将自己的这些思考，告知相关人员。

过程中如果实在有障碍无法按时完成，也需要及时沟通，并给出具体的解决方案，千万不要自己制造的困难，光等别人来解决。

当然了，事情完成之后，也一定要主动告知相关人员你的完成情况，如果能附上你的自我体会和对经验改进的总结就更完美了。

也就是说，拥有闭环思维，不是说你一定要把每件事情都做得很完美，而是说，你懂得和团队合作，是个靠谱的人，你拥有完成任务的能力。

一个靠谱的人，你交代的事他一定会放在心上，尽心尽力，并随时反馈，即便出了问题，也能及时补救。

03

那么，到底什么是闭环思维呢？

具体来说，就是指他人发起的活动或工作，在一定时间内，不管执行者的完成效果如何，都要认真地反馈给发起人，并且每件事情或者工作都要贯穿这一思维。

闭环的理论根据是“PDCA 循环”，由美国质量管理专家休哈特博士提出，包括计划、执行、检查和行动四个过程。

在我们日常的工作和生活中，做到以下三点，就可以做到事事有回音，成为一个靠谱的人。

第一，事前做周密的规划。

这一点是最重要的，在我们开始做一件事情之前，一定要做好周密的计划，尽量确保能够保质保量地完成工作。

第二，事中要及时反馈进度。

事情一旦开始做，就要及时向相关人员反馈进度，我以前在公司负责项目管理，我们每个项目每天都会把项目进度表发给对应的工作组，让所有人都知晓项目进度。

这样做的好处就是，一旦中途出现了任何变故，大家还能来得及做应急处理。

第三，事毕要及时回复和复盘。

不管是工作还是生活，事情结束后，复盘是非常有必要的，可以把好的经验总结出来，可以分享给更多的人用，做得不好的地方记录下来，下一次注意。

总之，想要成为一个靠谱的人，一定要记得要有闭环思维，做到事事有回音。

与聪明人聊天，与靠谱人共事

01

刘总是我很敬重的一个前辈，这些年无论他换到了哪一个领域，我们都会保持交流，但他有一个做法，我始终无法理解。

那就是他到哪里工作，助理都是阿华——一个看上去有些笨笨的男孩子，而且也不是他的什么亲戚，就是他的一个助理。

有次和阿华对接一个工作，沟通了好久他都无法理解我的意思，我就向刘总吐槽为什么不换个稍微聪明点的助理呢?

“阿华虽然悟性差点，但为人处事极为靠谱。”刘总说。

他举了一个例子，说公司将一个软件开发外包给了一家科技公司，结果中途项目进度有点延误，他很担心，就叮嘱阿华盯紧点。

谁知道，阿华直接就到对方公司去办公了，每天和项目团队一起上下班，天天都向他同步进度，最后项目不但没有延期，还提前了一个星期。

他说，只要他交代阿华负责的事情，几乎每一件他都能做得非常好。

他还告诉我，之前也找过几个很聪明的助理，为人善解人意，和他很聊得来，和客户相处得也非常好，但大多做事都不靠谱。要么就是答应了做不到，要么就是工作质量掺水分。

后来他想明白了，这一类人大多擅长察言观色，懂得拿捏一个人的心理需求，所以你会很喜欢和他们相处，但交代的事情能不能做到往往不是他们关注的。

和靠谱的人一起共事，彼此之间才有安全感，你知道把事情交给他，他一定会尽全力做好，哪怕悟性差点、能力弱点，但绝对不会敷衍你。

刘总认为，其实聪明和靠谱无关乎能力，而是取决一个人的人品。

聪明的人难免会要点小聪明，不那么讲信用，不见得那么诚实，而靠谱的人，一定是人品很好的人，诚实，并且值得信任。

所以刘总说，聪明的人一起聊聊天可以，共事还是要选择靠谱的人。

其实这点我也深以为然，在我做管理的这些年，聪明人遇到了不少，和聪明人相处你会很舒服，但总觉得不安全，真正最终愿意一起走下去的，都是那些做事情靠谱的人，和他们共事，你会觉得很踏实，很安全。

所以，和聪明人聊天，与靠谱的人共事。

02

昨天和做投资的王姐聊天，她说，自己这些年投了不少项目，最深刻的体验就是投资是投人而不是投项目。

投人就是要投那些靠谱的人。

“一个靠谱的人，做的项目一般都差不到哪里去。”王姐笑着说，毕竟投资项目还是希望能够赚钱的。

她说，刚开始做投资的时候，总是被一些能说会道的创业者吸引，那些看起来木讷的人入不了她的眼。

后来慢慢发现，那些看起来不那么聪明的人，懂的一点都不比聪明的人少，如今的时代信息发达，信息的获取速度远超过以往，只要有心，到处都能获取到知识。

但人品有时候不是你短期内就能学习到的，能力可以培养，人品反而不太好改变。

自己创业的朋友衣衣也有同样的观点，她说，在自己创业的这 3 年里，最后留下来她和一起奋斗的，都是那些看上去不那么聪明，但很靠谱的人。

“3 年里，他们的能力提升也很快。”衣衣说，有几个员工刚开始能力都挺弱的，她就是看上了他们的靠谱。

毕竟刚创业，无法给员工提供更好的薪资和福利，那些聪明人也不愿意加入。

这三年，公司发展得越来越好，那些留在公司的靠谱的人，都升职加薪了，而那些离开公司的聪明人，大部分混得也都一般。

她总结说，人太聪明，难免想走捷径，却忘记了提升自我的能力，所以只能一时得到重用，一旦公司发现其徒有其表，自然就会被淘汰。

但靠谱的人，只要你给他指明方向，对方就会全力以赴，这其中包括提升自我能力这件事情。

所以，在她看来，在当前这个社会，遇到靠谱这种人是求之不得的宝贵资源，一旦遇到了，就要加倍珍惜。

03

前阵子慧敏邀请我和她一起开线下课，而其实我和她认识的时间很短，一起聊天都不超过一个小时。

我问她，为什么会选择和我合作？

她说，感觉你挺靠谱的。

其实这些年来，我一直都觉得自己运气不错，一个没有任何背景、资源、资质平平的农村女孩，只身一人来到深圳，无论是之前在职场，还是如今做自由职业者，都遇到了很多贵人的帮助，才造就了今天的我。

而所有帮助、跟随和提携过我的人，他们都认为，我比较靠谱。

所以，成为一个靠谱的人，短期看起来，没有聪明人那么讨人喜欢，但长远来看，靠谱的人，更容易得到机会。

靠谱的人，一心只想着把事情做好，为了做好事情，自然会不断提升自我，而一个有能力又靠谱的人，战斗力是要远超过一个聪明人的。

当然了，聪明人也有其优势，比如会在短期内容易获得别人的好感和信任，所以很多公司一些岗位，也是需要一些聪明人的。

如果这个聪明人人品没有太大的问题，其实也可以发展得很好。

朋友圆圆就是这样一个人，她很聪明，陪人聊天喝酒都是一把好手，就是能力稍微弱点，做事也很拖拉。

目前在一家公司做商务拓展，因为他们的业务需要经常陪客户，所以就很适合她，业务谈定之后，会有其他部门跟进，所以不担心她服务不好客户。

所以，任何事情都没有绝对之说，聪明人有其优势，靠谱的人也有优势，选择和什么样的人共事，其实也是因人而异。

04

所谓人以群分，物以类聚，仔细留意你就会发现，一个靠谱的人身边的朋友都是靠谱的人。

而一个不靠谱的人，围绕在他身边的人，也大多不靠谱。

所以，想要认识更多靠谱的人，你首先得成为一个靠谱人，最终你会筛选掉那些不靠谱的人，靠谱的人会留在你的身边。

和靠谱的人一起共事，彼此之间相互信任和支持，所有智慧叠加在一起，一定是 1+1>2 的好结局。

朋友都是始于五官，止于三观

01

小 Y 是我在深圳为数不多的几个朋友之一，周末经常一起逛公园、逛街。

后来彼此结婚后，见面就没有那么频繁了，但偶尔通电话、聊微信，依然觉得很亲切。

前几天在微信上聊了聊近况，她知道我现在做自由撰稿人，可以灵活安排自己的时间，就很羡慕。

聊天的过程中，我发现她对于目标管理、时间管理都很不擅长，所以我就告诉她近期我付费报了几个班，感觉很有收获，推荐她也去学习其中一个课程。

我还正要继续和她说，一个线下的课程也不错，建议她和我一起去。

结果，她发来了这样一条消息：那些课程都是骗钱的，根本没什么用。

当时我心里就咯噔一下，感觉很意外，但我还是继续和她说，网络上有些课程确实有些浮夸。

但是我报名的这些，都是经过筛选的，而且我自己已经上过课了，确实很有收获。

在我看来，为学习新的知识付费是很正常的，也非常有必要。

“推荐我上这些课，你能拿多少提成啊？”小 Y 并没有呼应我劝说她的那些话，而是忽然甩过来这样一句。

她又说了一堆看书同样能学习到知识啊，网络上类似免费的课程也很多……

本想继续和她聊聊我的想法，但是看着手机屏幕上这些冷冰冰的文字，我忽然没有和她继续聊下去的欲望了，就以要陪女儿为由结束了这次聊天。

然后我默默地取消了她微信号的“置顶聊天”。

独立写手卢思浩说的这段话形容我当时的心情是非常贴切的：

三观不同，一句话都嫌多。我想，人和人之间一定存在磁场这回事，沿着三观向外辐射。

有人说了千句还是拉不近距离，有人坐在对面不说话也不尴尬，你一个眼神，他大概就懂了。

频率相似的人顺其自然就会聚在一起，磁场不合的人讲几句话也在翻山越岭，你始终到不了。

也就是说，人和人的关系，开始可能会受到五官的影响，但到最后，三观才是人和人之间最远的距离，三观不同，哪怕近在咫尺，也依然拉不近心灵的距离。

就像我和小 Y，那次对话之后，虽然我们依然生活在同一个城市，但在我的心里，她却远在千里之外。

02

小香是我们公认的大美女，身边的追求者从来没有低于个位数的。

但是她最终却选择了我们都不看好的小刘——一个图书馆的管理员，看上去他永远都是闷闷的，和活泼好动的小香完全是两个世界的人。

小香喜欢唱歌、跳舞，还喜欢话剧，据说大部分工资都贡献给明星演唱会和剧院了。

而小刘对这些貌似都不感冒，最喜欢的事情就是安静地看书。

在一次聚会上，有人开玩笑问小刘是怎么搞定小香这个大美女的。

没想到一向木讷的小刘说了很长一段话，让在场的人都刮目相看，具体内容我记不太清楚了。

大体是说，虽然他不喜欢唱歌跳舞，小香也不喜欢看书，而且他也没有颜值。

但是他们都认为生活应该是多姿多彩的，每个人都应该在工作之余有自己的爱好，就是说他们的三观是一致的。

所以尽管每个周末他们大部分时候是各忙各的，但是他们的心是在一起的，他们觉得彼此距离很近。

这让我想起了张皓宸在《我与世界只差一个你》中说的那段话：

“遇到一个喜欢的人其实不难，多少爱情都开始于喜欢，结束于了解，后来明白，所谓合适的人，没有定论。”

大概是三观相似，兴趣可以不同，但决不干涉对方，有话聊，相处和独处一样自然。

虽然说每一个人都是独特的个体，三观很难一模一样，不尽相同，但至少三观要相近，才会觉得彼此心挨得很近。

那么，哪怕一个人在剧院，一个人在图书馆，也不会觉得彼此遥远。

03

有人说，三观不合不能做朋友。

因为思想、经历、感官全都不一样，就比如我说大海很漂亮，你却说淹死过很多人。

其实在我看来三观不一致的两个人，不仅不适合做朋友，也不适合成为恋人、夫妻。

因为三观不同的两个人，哪怕彼此相拥，心灵之间也是竖着一堵无法逾越的高墙，反而彼此距离十万八千里。

在《李宫俊的诗》有这样一句话我觉得很有道理：“三观不同，不相为谋。”

确实，人的一辈子很长，越往前走，我们身边留下的，路上遇到的，就越是三观契合、志同道合的人。

而那些三观不同的人，在分岔路口就已经因为与我们道不同而彼此选择了不同的方向。

就像我和小 Y，虽然曾经我们给彼此带来了很多的快乐，但是当我开始重新重视自我成长，愿意付费学习时，她依然固守“互联网上的课程都是骗人的”的理念，并且还质疑我劝她学习是为了拿提成，我们之间就注定了会越走越远。

毕竟三观不同，不是简简单单对于一些事情的看法和观点不一样。而是遇到事情的思维倾向性和反射都不同，进而造成彼此选择的人生方向也不同。

而小刘和小香之间因为三观相同，尽管彼此兴趣不同而不得不周末分开度过，但他们的心是距离很近的。

远远好过那些三观不同而硬凑在一起的朋友、夫妻和情侣们，他们虽然看上去距离很近，实则彼此距离很远。

豆瓣中一个网友说的这段话我觉得很有道理：

“人和人之间想要保持长久舒适的关系，靠的是共性和吸引。而不是压迫、捆绑、奉承、一味地付出以及道德式的自我感动。”

而共性和吸引的基础不是五官，而是要有相同的三观。

三观相同，哪怕在物理距离上隔着千山万水，彼此之间的心灵距离是很近的。

三观不同，哪怕彼此近在咫尺，心灵上的距离也是非常遥远的。

所以，人和人之间最遥远的距离，不是地理上的你在南极我在北极，不是外表丑和美，而是三观不同。

你是什么样的人，就会遇到什么样的人

01

之前网络上有这样一个新闻故事：重庆的徐先生经营一家休闲山庄，最近承办了一对新人的结婚喜宴。

然而喜宴结束到了最后结账，发现新郎、新娘一溜烟儿跑了！

据徐先生说，这对新人先是交了500元订金，而总的喜宴费用是13000元，喜宴结束后，新郎说要送前面的一批长辈先走，让父亲最后走，他会回来接父亲、拉酒水、结账，结果一个多礼拜过去了，徐先生多次联系仍人无人出面，无奈只能报警。

徐先生说，自己做了20年餐饮了，头一次碰到“跑单”的现象。

徐先生报警后，警方联系上了新人，他们表示过几天会来结算，但随后两人电话就再也无法联系上了。

至于徐先生这1.3万元能不能收回来，我们谁也不知道，但这对夫妻的做法却引人深思。

男人犯浑，女人居然也是默许的，而且，还有可能女人就是“同盟军”，要不然丈夫做事这么没有道德，妻子怎么能无动于衷？

很多网友都感慨，这对夫妻的三观真的是太一致了，现场演绎了“不是一家人不进一家门”。

这对夫妻的故事，让我想起刘同在《谁的青春不迷茫》说过的一段话：“你是什么样的人，就会遇见什么样的人。你的朋友是什么样的人，你就会成为什么样的人。你的爱人是什么样的人，你就会过什么样的人生。”

所谓“人以群分，物以类聚”也是说明了这个道理，因为人都是喜欢用舒服的方式生活，当你和不同的人交流，彼此观点不同会让你不舒服，所以你就会放弃继续和他交流，久而久之周围剩下的就是和你相似的人了。

所以，你是什么样子的人，今生你就会遇到什么样子的人！

02

无论是另一半、朋友还是你的老板，其实都是你自己吸引过来的。

留意身边的朋友就不难发现，大部分恋人都有“夫妻相”，这不单是说长相，而是两个人的性格脾性以及三观都非常相似，身份地位也是旗鼓相当的。

《欢乐颂》中的安迪，自带气场，她吸引到的男人都是老谭、奇点、小包总这样的精英男，而邱莹莹遇到的就是白渣男，好不容易遇到一个真心待他的应勤，却又因为自己不是处女而被嫌弃。

而新闻中的那对“逃单新人”，也是彼此吸引的。

同样的，你是什么样的人，你就会拥有什么样的朋友。

每个人都有自己的朋友圈，美国杰出的商业哲学家曾经提出著名的密友五次元理论，就是与你亲密交往的 5 个朋友，你的财富和智慧就是他们的平均值。

于是也有人说，亲密好友的平均水平，往往代表了你的水准，这点我感同身受。

毕业刚入职场的时候，我和几十个人合租在农民房，每天打交道的都是在饭店、美发店工作的人，当时室友里面最有文化的就是在文化公司做前台的一个小妹。

而那时的我，初来深圳，每月工资刚好够花，也只能和他们一起逛东门，随着我在职场的不断提升，慢慢地，我搬出去租了小区房，朋友的圈子也开始变了。

其实，当你开始提升，你会发现，你身边的朋友也都是和你水平相当的人。

而且，经常被你吐槽的老板，其实也是你自己吸引来的。

我们大部分人，都是在公司上班，跟着老板混饭吃，而其实，你是什么样的人，就注定了你会遇到什么样的老板。

《欢乐颂》中安迪和老板谭宗明的关系，除了朋友，还是上下级。

剧中，只要是安迪的事情，谭宗明必全力以赴，面对老谭，安迪从不设防。

但有个情节我记得很清楚，那就是每当安迪对谭宗明表示感谢，老谭总是说："我们之间，永远用不到这个字。我帮你也是为了你能更安心工作，为我创造更大价值。"

虽说带点调侃的意思，但其实却说出了一个"真理"，职场上，你能为老板创造多大的价值，决定了老板如何待你。

安迪遇到了老谭不是她命好，是自身足够强大足够优秀。

由此来看，你优秀，就会吸引到优秀的另外一半、朋友和老板，你普通，自然遇到的他们也就如你一样，而你连婚礼的单都是逃，你的另一半定会是你的盟友。

03

那么，为什么会出现这种现象呢？

其实，在心理学上有个吸引定律又称"吸引力法则"，指思想集中在某一领域的时候，跟这个领域相关的人、事、物就会被他吸引而来。

用在人际关系上，就是人倾向于跟自己的同类待在一起。

也就是说，你用自己的灵魂吸引到的另一半、朋友、老板，这些人身上都会有你的一些影子，你们之间是有共性的，正是由于这个原因，你才能把大家都吸引过来。

这样来看，那个逃单的新婚夫妻应该都有爱占小便宜、不守信用等这样的品质，而安迪和老谭都是对自己有要求的人，邱莹莹自己就活得稀里糊涂没有主见，遇见白渣男也就不难理解了。

一切的果都是自己的因导致的。

卢思浩《愿有人陪你颠沛流离》中说过：“所谓的共鸣是建立在你们的某些观念在某种程度上是相似的基础上的，你是什么样的人，就会喜欢什么样的东西，遇到什么样的人，被什么样的东西感动。”

事实也是如此，你身边的人都是因你而来的。

04

越来越多的人认可圈子很重要，于是在各行各样都有一些人开始专业“混圈子”，殊不知，这反而是本末倒置了。

提升圈子的质量，不是说你要用砸重金、媚好、拍马屁的方式去追求，而是要努力修炼，建立自我价值，让自己发出光芒，自然而然地，衍生一个高质量的圈子。

以前听过的一个买碗故事，就很好地阐述了这个道理：

有个人去买碗，因为有位老者教给了他一个挑碗的技巧：就是当两只碗碰在一起发出悦耳清脆的声响，那便证明是只好碗。

于是，他一到店里就拿起一只碗与其他的碗相碰撞，无奈试了很多碗，声音都不够好听，所以准备放弃买碗，

当店家得知这个情况后，给他换了一只碗，神奇的是，这只新换的碗敲别的碗，声音都是很悦耳的。

店家最后告诉那个人，你拿一个次品去试，再好的碗也发不出悦耳之声。而想找到好碗，你手里那只也须是个上品。

这个故事其实就是告诉我们，你是什么样的人，就容易遇到什么样的人，你想要遇到更牛的人，首先你得让自己变成牛人。

关于这点，我喜欢毛羽立的说法：“你和什么样的人同行，就会成为什么样的人”，这是随波逐流者的托词，别让它成为你的命运。我只知道“你是什么样的人，就能和什么样的人同行”。

所谓你若盛开，清风自来；你若精彩，天自安排。

你问的问题，暴露了你的认知层次

01

项目组最近忙着准备一份标书，团队每个人都领了任务。

下午，负责画图的同事问我，说项目经理提供的一张图不清楚，怎么办？

我问他："你说怎么办？"

他想了下，回答说："我去找项目经理要原图。"

其实，他问了我一个非常低级的问题，因为这个问题的答案他稍微动动脑，就能自己找到。

看着他离开的背影，我想起了另外一个小故事。

有个文友，在微信上问我，10分钟的演讲，要准备多少字的文字稿？

他周末要参加一个公开演讲，以前没有这样的经验。

当时我恰好有空，本来想回复他的，一看问题，直接假装没有看见这条信息。

因为这其实是一个很愚蠢的问题，回答这种问题简直就是浪费我的时间，这个问题的答案，他完全可以自己找到，比如百度一下。

我想很多人都会有类似的经历，就是会问一些原本通过自己的努力就能找到答案的问题。

知识管理专家萧秋水老师在其"饭团"里有篇小文《提问力》，专门分析了这个现象，她说她每天都会接触到大量的提问，其中好的提问很少，大部分提问，一看就会感觉是因为懒、不愿意思考、不做任何功课开口就问的。

其实，每一个问题的背后，都隐藏着一个人的认知。

像那位同事和文友问的问题，是属于很肤浅的，就说明当下他们的认知能力比较低，更有人问出一些零碎的、词不达意的问题，说明其认知能力更低。

而一个人问的问题，如果比较有深度、有系统，甚至能给人以启发，也就说明了其知识水平和认知能力很高。

网络上有句话我觉得说得很有道理："问的问题越干，认知层次就越高，问的问题越水，认知层次就越低。"

也就是说，你的问题内容质量，会暴露你的认知层次。

02

说到提问，就想起我自己曾经在微博上问过新媒体人秋叶大叔一个关于写作的问题。

具体是问秋叶大叔如何看待越来越多的人开始写作？顺便也咨询作为一个初学写作者，该如何度过开始没有什么阅读量的时期？

秋叶大叔回答了几千字，当时这条问答还给我带来了一些收益，最后秋叶大叔还把这篇问答更新在了自己的公众号。他认为，这个问题有一些普遍性，他的回答可以给更多人启发和帮助。

其实，在问这个问题之前，我已经实践了一段时间，并且也看了很多相关的书籍，这个问题，的确是在我不断反思和探究之后，心中依然不解的部分。

日本企业高管教练粟津恭一郎在《学会提问：实践篇》这本书中说，提问的差距造成了人生的差距。

究其根本，是因为提问背后是人的认知，而人的认知层次不同，自然就会过不一样的人生。

认知层次低的人，往往会过于执着于一念，急功近利，只想做伸手党，想要别人帮助解决自己的问题，这样的人，不会有太大的成就。

而认知水平高的人，懂得转换思维、放大格局、开阔视野，问的问题都是经过自己的实践和思考后提炼出来的，自然也会拥有更精彩的人生。

《欢乐颂》中，邱莹莹和关关都很喜欢问安迪问题。

两人也都曾因为爱情，请教过安迪。

我记得，邱莹莹只会哭着问安迪："我该怎么办？"

而关关，则会问安迪："真的要将就一份爱情吗？"

大家都知道，邱莹莹是典型的傻白甜，伤心难过的时候读的是心灵鸡汤，而关关喜欢古典音乐，善于思考。

两个人最后的归宿也完全不同，邱莹莹选择原谅了胆小懦弱的应勤，两个人或许会很幸福，但她的人生很难有大的成就。

而关关虽然深爱着谢童，但没有办法舍弃她在上海的朋友、家人和事业，选择了等待谢童归来。

无法评判两个人的选择孰好孰坏，但两人的差距是很明显的，这都是对人生的认知不同造成的。

03

古典老师的《跃迁》中，提到过一个观点，就是在当今社会，获取答案的途径很多，关键是你得提出一个好问题。

爱因斯坦也说过："提出一个问题比解决一个问题更重要。"

一个好问题之所以重要，是因为其背后隐藏着一个人的认知。

有个自媒体大咖在一篇文章中曾提到过，说他写过一篇关于公众号悄然崛起的文章，认知层次高的人已经提前布局，而认知层次低的人，则会在后台问他如何注册、在哪里打开后台等问题。

著名的"选择性注意力实验"曾得出这样的结论：我们的大脑具有这样一种性质，将意识投向某种事物时，其他信息就会难以进入。

也就是说，某种程度上，人的意识是可以被问的问题控制的。

一个比较好的问题，可以让人有种"恍然大悟"的感觉并且愿意自发行动。

这点在心理咨询和教练技术中用得非常多。

有个做心理咨询的朋友告诉我，在咨询中，他们通常不会给客户提供方法和建议，而是通过不停地发问，让客户自己去发现、去领悟。

因为当人们面对好的问题时，会竭力寻找答案。

04

有专家说过，如果一个人能够透过现象抓住问题的本质，提出问题并且能够探索解决问题的各种可能性，这样的人，认知层次一般都很高。

这点是我在看柴静的《穹顶之下》时顿悟的。

还记得当初我是一口气看完的，除了内容本身，更触动我的是柴静面对雾霾现象，能提出有创造性、有价值和有新发现的问题，而且，她还能带领团队，用自己方式呼吁更多人重视这个问题。

这都是源于柴静较高的认知。

那么，既然问题这么重要，我们如何才能提出有深度和有价值的问题呢？

我觉得，在提问之前，至少做好以下的准备：

首先要端正心态，没有人有义务必须要回答你的问题，不一定是你的问题不好，也不一定是对方的水平不够，说不定只是他不想回答。

要先做好这样的心理准备，就不会试图用所谓道德、红包绑架别人。

提出问题后，先尽量自己通过书本查询、网络搜索，能自己找到答案的，就不要去问别人了。

如果实在搜索不到你想要的答案，那就静下心来，调用自己已有的知识和认知，仔细思考，说不定你会有新的思路。

提问题是一门艺术，如果你提问方式不对，或者问了个太蠢的问题，可能根本就没人愿意理你。

而且，问题的好坏也直接影响着你能不能得到自己想要的答案。最重要的是，你问的每个问题，都会暴露你的认知。

一个认知水平低的人，往往存在认知局限和认知盲区，缺乏自我觉察能力和反省能力，自然提出的问题也不会有太大的价值。

而一个认知水平高的人，有着系统的思维，思考有逻辑、有层次，自然会问出优质的问题。

那么，你问的问题属于哪一类？

真正有教养的人，不会让人难堪

01

周末带女儿去看了一个儿童走秀，就是那种在商场空地上临时搭的T台，表演的孩子来自各个培训学校。

轮到一个小女孩上台的时候，她忽然不敢上了，表现得很惊恐，不断地往后退缩，陪女孩子来的，应该是奶奶。

奶奶不停地鼓励小女孩，最后奶奶牵着小女孩的手走上了T台，当我正为这个奶奶感动时，主持人忽然用话筒说："这位家长，这个表演只能让孩子独自表演，家长不允许参与。"

老人和孩子都震住了，老人的表情明显很尴尬，下去也不是，继续走也不是，还好有工作人员反应过来，立刻说，奶奶和孙女一起走完也很棒，所以主办方为他们破例。

本就不是很正式的比赛，而且老人也是为了鼓励孙女想出来的办法，那个主持人在让老人下台时，就完全不考虑老人的感受，让老人和孩子甚至现场的观众都觉得很尴尬。

有人说，教养的最高境界是让人舒服，而教养最直接的体现，便是不让人难堪！

易中天在《开讲啦》节目里，有位大四男生对他提出质疑，并且口出恶语，大意是说易中天没事就上节目，肯定是为了刷存在感，而且吐槽他写《易中天中华史》，把易中天三个字写在中华史前面，也是刷存在感的表现。

坦白说，当时我听着那个男孩子说话都忍不住发火，还真担心易中天现场发飙。毕竟这已经涉及对人不敬了，就算易中天当场教训一下那个男孩子，网友们也一定会觉得他做得对。

令人意外的是，易中天不但没有发火，反而不急不慢地说了一段话，让现场所有人包括那个男孩子，都频频点头。具体说的什么其实不重要，重要的是，他并没有因为那个孩子理亏而现场让他难堪，而是用他独特的方式，既为自己解了围，也避免了现场所有人的尴尬。

试想一下，如果易中天老师也像那位主持人一样，在节目现场拍案而起，怒斥节目组邀请的都是什么水平的观众，主持人、现场观众以及那个男孩子的尴尬可想而知。

有位名人说说："教养不过就两句话，不让别人难堪，不让自己尴尬。"而很多时候，让别人难堪，自己也难免会尴尬，就像薛之谦，他依然要重新回来面对观众作解释，无论解释的内容是什么，其实他也难以避免尴尬。

所以，不让别人难堪，也就是不让自己尴尬，是一种有教养的表现。

02

有一次我们请客户吃饭，是在一家高档的粤菜馆，每道菜都配了公用筷，现在越来越多的高档餐厅都是这样的，一起吃饭的有个女孩子，应该是刚毕业不久，她每次都用自己的筷子夹菜，我暗示了好几次，她都无动于衷。

客户的老总是个直性子的中年女人，工作中从来不给任何人面子，有问题就会直接指出来，所以我真担心她会当面指责那个女孩子，所以吃饭过程中始终替她捏着一把汗。

怕什么来什么，果然客户的老总发现了女孩子一直没有使用公筷，让我意外的是，她并没有像我想象中的那样当面发火指责那个女孩子，而是当菜转到女孩子面前时，很自然地用公筷给女孩子夹菜，重复了好几次，女孩子意识到自己之前的做法是不对的了，立即改用公筷夹菜。

那一瞬间，我和那位老总的眼神碰到了一起，彼此会心地一笑，她的形象在我的心里瞬间高大了很多。在我看来，这就是教养的力量，不动声色地替人解围，避免了当事人的尴尬。

蒋勋在《蒋勋说红楼梦》中说过这样一段话："一个求你的人处在难堪的状况，有教养的人绝对不能让人家难堪，几句话可以看到他对人的厚道。"

且不说求你的人，就是一个和自己无关的人，有教养的人也绝对不会让对方太难堪，就比如面对饭桌上那个没有用公筷夹菜的女孩子，现场那么多人，一定也会有人发现，但是大家都选择了沉默，而不是当面让女孩子难堪。

03

王小毛在《我从不感谢伤害过我的人》中说过这样一段话："不让人难堪是一种很珍贵的品质，它代表了一个人的教养，自然要对应等价值的教养，绝不能把它浪费在没有教养的人身上。"

其实，从古人开始，就已经很注重一个人的教养了，就像我们熟悉的曾国藩。据说他手下有一员大将，叫鲍超，带领着霆字营，是当时湘军当中战斗力非常强的一员猛将。有一次曾国藩过生日，鲍超给曾国藩带来了 16 大包的礼物，曾国藩一看，带的东西还真不少，就让鲍超打开看看都有什么好东西。打开一看，金银细软、古玩字画等一大堆。

按照曾国藩的行事风格，肯定应该全部拒收，这样做自然就会让鲍超尴尬，曾国藩最后说："我也不能全不收，我只收一样，但是你让我自己挑好不好？"最后他挑中了一顶绣花小帽，然后将鲍超剩下的礼物送出营。

不得不佩服曾国藩的做法，不动声色地就拒收了礼物，而且还没有让部下难堪。

也有人说，人活着干吗要那么累？想说什么就说什么，直接点不好吗？

因为生活不是江湖，不让人难堪的教养，比直来直往的真性情更有利于我们和人相处。

想要成为一个有教养的人，就先学会不让别人难堪吧！

尽量不占用别人的时间，是必备的教养

01

时间对每个人来说，是最值钱的，因为一天就 24 个小时，做了这件事，就无法做另外一件事。所以，尽量不占用别人的时间，是一个人必备的教养了。

前阵子，朋友带我去拜访一个前辈，为了确保不迟到，我们提前半个小时就到了。上了电梯，我就想直奔前辈办公室，朋友阻拦了我，建议我们在公共区域休息，到了约定时间再进去。

“到都到了，为什么不进去？我们还可以多和他沟通一会儿。”我对朋友的决定不是很理解。

朋友说：“前辈很忙，这半个小时他或许会有其他的安排，我们进去了，等于是占用了他的时间，这是没有教养的表现。”

坦白说，这是我第一次听说占用别人的时间，是没有教养的表现。仔细想想，其实朋友说的不无道理。

鲁迅就曾经说过：时间就是生命。无端空耗别人的时间，无异于谋财害命。

过多占用别人的时间，虽然不至于谋财害命，但确实给别人的生活带来了很多不便。就像之前如果我提前进入到前辈的办公室，可能就会耽误前辈处理其他工作的时间，的确是没有教养的表现。

一般提到所谓教养，大家常会想到对身边的人友好、接人待物有礼貌、遵守公共秩序等。可以说，教养体现在方方面面，每个人的看法各有不同，但在人际交往方面，就是不要过多占用别人的时间。

02

小芳最近和老公闹矛盾了，一气之下带着儿子搬回了娘家住。

闹矛盾的原因是老公有个好哥们，刚刚失去了父亲，心情不好，每天都来找小芳的老公诉苦，这几天干脆就住在他们家里了。

起初小芳也表示理解，毕竟失去父亲，对任何人来说都是很大的打击。每次老公的朋友来家里，小芳都知趣地去邻居家串门，让老公陪伴朋友。后来总是去邻居家里，小芳也担心给邻居的生活带来不便，就暗示老公的朋友，他影响到他们的正常生活了。

谁知道，老公的朋友完全不理会她的暗示，后来居然心安理得地搬到他们家里住了，理由是，回到自己家里就会想起父亲，睹物思人。

这下小芳就不愿意了，先不说家里只有一个卧室，老公的朋友住在客厅里给她的生活带来了很多不方便，更重要的是，老公每天下班后的时间，都被他朋友占用了。

以前老公下班后，都会和她一起做饭，然后两个人带着孩子散散步，聊聊天，偶尔还能一起看个电影。现在老公一回家，他的朋友就会不停向他倾诉，完全把老公变成了他的私人情感顾问。

小芳老公的那个朋友占用了别人的时间，不识相地已经影响到了别人的家庭生活。

一个喜欢占用别人时间的人，在人际交往中忽略了界限问题。再好的关系，彼此之间都要保持一定的距离，不能因为关系好，就可以把对方的时间当成自己的时间。

日子久了，会给对方带来压力，继而影响到彼此之间的关系，最重要的是，还会给对方留下一个没有教养的印象。

03

日本有一种文化，叫作“不给别人添麻烦”。比如，不小心把水洒在了地铁座位上，即使下一站就要下车，也要想办法擦干净。这样就不会浪费下一位乘客的时间，也是有教养的一种表现。

演员孙俪在拍摄《芈月传》期间，邓超发了一条微博，吐槽孙俪在家里认真研读剧本。

据说，单甄嬛传的剧本，孙俪就整理了50册。而这一切都是为了在拍摄的时候所有的镜头都在掌握之中，尽量减少重拍。这样就不用浪费其他人的时间了。

她在一次采访中说，她觉得自己能完成的事，就一定不要别人来帮忙。她不喜欢浪费时间，更不喜欢浪费别人的时间。

也就是说，当我们习惯于做好自己分内的事情，就不会过多地占用其他人的时间。无论是团队成员也好，亲人朋友也好，每个人的时间都是有限的，每个人都有自己的生活。

但丁曾经说过："最聪明的人是最不愿意浪费时间的人。"

其实，不浪费别人的时间，也等于是不浪费自己的时间和生命。

04

在戴尔·卡耐基《人性的弱点》中，曾提到巴德勒博士这段话："只为自己着想的人是无药可救的，也是不会受到教育的，他们是没有教养的人，无论他受过什么样的教育。"

一个事事只会为自己着想的人，有很多种表现，而尽量不占用别人时间的人，一定是一个会替他人着想的人。

就像前面提到的那位朋友，我发现他任何事情，都会先考虑对方的感受，比如那次他带我去拜访前辈，考虑到我第一次见前辈可能会有些紧张，就提前把前辈的资料整理好发给我，还帮我准备了好几个能够引发前辈兴趣的话题。

见到前辈后，他很认真地帮我做了介绍，让前辈一开始就对我有了了解，所以我那次和前辈聊得很开心，收获也非常大。

而他也因为如此体贴和善解人意，而收获了很多朋友的尊重和信任。

所以，从今天起，尽量不要占用别人的时间，学着做一个有教养的人吧。

爱占小便宜的人，格局都不太大

大家聊到一个人的眼光、格局如何，都觉得听起来很虚，但实际上，那些能做到忍住不占小便宜，不看短期利益的人，格局就很大。

因为不同的观念，会让人有不同的视野，然后就会作出不同的选择和行动。

01

昨天晚上女儿忽然发高烧，由于医院距离家并不远，我们选择了打车。

为了节约时间，上车后，我就一直盯着计价器，一到医院门口，立即把准备好的钱递给司机。

“等等，找你们钱……”我和老公一下车就往医院冲，身后的喊声压根就没有听见。

直到司机师傅追上我们，递给我们 3 元钱。

可我明明记得计价器上写的是 11，外加 1 元的燃油费，我递给他 12 元的。

司机却说：“你给我的钱是 15 元，一张 10 元、一张 5 元，我要再给你找 3 元。”

当时一股暖流涌上我的心间，连忙对司机说谢谢。

这位司机让我想起在《尘世间》中说过的一段话：“爱贪些小便宜，不肯吃小亏的人，成不了什么大事儿。没有格局，视野狭隘，一辈子也就那样儿。大格局才能成大事儿，愿意吃点儿小亏，才能拥大财富。”

一个不爱占小便宜的人，即使无法拥有大财富，也会像这位司机师傅一样，让人心生好感，如沐春风，显然拥有大的精神财富，格局自然也不小。

02

懂得不占便宜、少一些抱怨和计较的人，会更尊重规则、舍得付出，这不仅是有教养的表现，也说明一个人有着大的视野与格局。反之，则说明一个人的格局太小。

电视剧《那年花开月正圆》中有个情节，就是周莹和外商克劳迪达成了2000包生丝的生意，在如期交货后，管家王世均告诉她，其中有一包生丝的质量有点问题。

“我们赶紧去找克劳迪说清楚。”当周莹得知王世均没有如实告诉客户时，她立即赶去码头，当场找出了那一包质量有问题的生丝，并坚持要为其更换。

克劳迪劝周莹就不用更换了，因为普通人根本就看不出这一包质量有问题，但周莹觉得不能占客户的便宜，坚持更换了一包质量好的生丝。

周莹的坚持打动了克劳迪，同意和她签署10年的契约。

虽然这份10年契约的促成，周莹不爱占小便宜不是决定性的因素，却也起了重要的作用。

很多喜欢贪小便宜的人，往往只看眼下的既得利益，会觉得不拿白不拿，久而久之会形成一种心理，不占便宜就是吃了亏，也因此会损失自己的信用，被人鄙视，聪明反被聪明误。

03

爱占小便宜的人，在心理上都有较强烈的占有欲望，这种占有欲望在每得到一次小便宜的时候便会产生相应的满足感，然后就会想着去占更大的便宜。

在生活中表现出来的就是面对任何事情总是怀有侥幸心理，这样的人内心并不一定坏，也不一定会害人，但却容易被别有用心的人利用而吃亏。

也就是我们常说的：“爱占小便宜必吃大亏。”

老公的工作和放贷相关，前几天听说有个同行把一笔钱借给了朋友，然后那个朋友卷款而逃了。

“没有任何抵押物吗？”以往老公那些同行，就算朋友间挪用资金，也会有抵押物的，比如车、房等，这样万一有变故，至少放款出去的人不至于血本无归。

原来，一开始那位借钱的朋友就说抵押物要晚点提供，但他给老公同行的利息比较高，而且首先就支付了两个月的利息。

那位同行平时就有些爱占小便宜，想着这么高的利息，不赚白不赚，就在没有办理任何抵押手续的情况下，将钱转给了朋友。

后来才知道，那位借钱的朋友利用身边爱占便宜的人的心理，以家里急需钱和高利息的方式，骗了很多人的钱，现下落不明。

其实，损失点钱是小事，生活中因为爱占小便宜而丢了性命的也大有人在。

那些凡事喜欢占别人便宜的人，格局总是太小，而一个人的格局就会影响他对一件事情的判断。小格局的人在决断一件事情的时候，往往会有侥幸心理，从而很难作出正确的决定，最终受伤害的还是自己。

04

人总是有格局大格局小的，知乎上有个话题是“如何提高一个人的格局？”网友们都给出了很多建议，比如多和大格局的人交往，多看书，多旅游……

而在我看来，能做到不占小便宜，就已经抢占了先机。

前几天文友衣衣说，她找代购帮她从法国买了个包，收到后发现对方邮寄错了。邮寄给她的包比她购买的包贵 1 万多。

“占人家便宜心不安理不得。”衣衣说，她一直联系对方客服，客服迟迟不回应，反而搞得她很着急。

其实，身边很多人都有过类似的经历，我还收到过一箱完全不属于自己的东西。在我看来，快递时代，占便宜的机会其实有很多，但小便宜占不得，大便宜更不能占。

因为一个不贪小便宜的人，往往更容易获得别人的信任和尊重，从而会有更多的机会，也会有更高的精神层次、更大的格局，因此也更容易拥有成功和幸福。

格局不够大，人生的高度自然有限，所以，千万别因为一点点小便宜让我们失去大格局。

勇于承认自己不足的人，格局都很大

01

有阵子，北大校长林建华在北京大学校庆大会致辞中读错“鸿鹄”的发音，引起了广大网友的巨大关注和讨论。

林建华在北大未名 BBS 上发表了一篇名为《致同学们》公开信，对本次事件进行了回应，网络上更是炸开了锅。

有人质疑林建华底子这么差是怎么当上校长的？更有甚者，直接质问演讲稿到底是不是他自己写的？还有人议论说，估计这个致歉信也是公关稿，网上还出现了对这个致歉信的各种研究。

当然也有网友是支持林建华校长的，说他能够公开承认错误，勇气可嘉，而且人无完人，呼吁大家原谅。

我不想说这件事情本身，毕竟事件的来龙去脉只有知情人才最清楚，但在我看来，林建华校长这样的公众人物，能够当众坦然面对瑕疵，承认自己的不足，其实是一个格局非常大的人。

具体表现在他在致歉信中直接说自己的文字功底很差，这次出错只不过是把这个问题暴露出来了。

当众道歉很多公众人物都做过，但能够在致歉信中承认是自己某方面能力的不足而导致的错误，这点很难得。

林建华校长说由于时代的原因，他接受的基础教育既不完整，也不系统。

在高考语文中，要不是考试作文占了 80 分，词句和语法只有 20 分，他可能就考不上北大了。

因为他只是在考试前的几天，读了一本语法方面的书，刚刚知道什么是主语和谓语，可以想象他的语文基础有多么差。

我们都知道，承认自己的不足，就是对自己的否定，心理上很难做到。而人潜意识里都有主动防御的本能。所以，大部分时候都是喜欢掩饰而不愿意面对。

黄桐在《总有一次哭泣，让人瞬间长大》中有句话是这样说的：在个人生涯的抉择上，有些时候，我们往往也必须残酷地承认自己的“不足”，可见这真的需要莫大的勇气……而一个公众人物，当众承认自己的不足，就更加需要勇气了。

决定一个人是否有勇气直面自己不足的，其实是格局，所谓格局，就是指一个人的眼界和心胸。

因为人处在同一个时间和空间看问题会存在眼光的局限性，格局大的人会摆脱当前身份的局限，从高处和长远的角度看，自身也能够实现更大的突破，林建华校长就是这样一个人。

02

关于承认自己不足，我特别喜欢狄德罗的观点，他说，人常常有机会提供一个伟大的教训就是承认自己的不足。一个人对他所不知道的就爽快地直说他不知道，这样倒使我更容易相信他企图向我说明的东西。

一名研究生拿着自己的论文去请教一名白发苍苍的教授，但让他没有想到的是，这位教授看到他的论文时，诚恳地对他说：“很抱歉，你论文中的一些知识，我还不是很懂。这样吧，你先把论文留在我这，等我学习一下相关的知识后，再给你提意见，你看好吗？”

那个研究生很吃惊，不是因为老教授对他说不懂，而是不敢相信一位老教授，一位权威大家，竟敢于在一个还没有毕业的研究生面前，承认自己还有不懂的东西！

老教授看出了他的心事，笑了笑，对他说：“知识是日新月异，好多的新知识我都还不了解，我过去的知识已经很陈旧了，我是该好好学习一下了！”

这个故事给我的触动很大。

在平时的工作和生活中，当我们遇到不懂的问题时，往往会羞于说我不知道，其实就是没有勇气承认自己不会，但其实，当我们承认自己的不足甚至无能，反而会换来别人另外一种认可。

这点我也感同身受。

有次面试一个项目经理，从履历上看非常适合公司的岗位要求，但在面试中，当我问及他具体的项目管理流程时，他承认从未独立负责过一个项目的实施，之前的经验都是参与了部分项目跟进工作，但他正在系统地学习项目管理知识。

确认他非常有意愿加入后，我录用了他。

这样的人哪怕当下能力一般，但其格局很大，自然也更容易得到信任。

03

大格局的人一般都很自信，而从另一种角度来说，敢于承认自己的不足，也是某种程度上的自信。

就像有句话说的那样："只有敢于不如人，才能胜于人。"

而且，一旦你对自己的不足有清楚的认识，明白自己能做到哪种程度，就会目的明确地利用自己的时间和精力，不足的地方或许就能变成一个人的优势。

大家都知道，德摩斯梯尼是古代雅典著名的演说家。

但其实他在未成年时，并不具备演说家的天资，他天生口吃，声音细小，说话时爱耸肩膀。

为此，他付出了艰巨的努力克服了这些缺点。

为了纠正口吃，他在嘴里含上小石子说话；为了声音的洪亮，他到海滩上迎着风浪朗诵；为了不耸肩膀，他悬挂剑和铁叉，在下面练习演说。

同时，他还细心研读学术著作和文学作品，《伯罗奔尼撒战争史》竟抄写了 8 遍。演说家柏拉图演说时，他一次一次去聆听、体悟。

即使付出了这么多的努力，他的演讲生涯依然困难重重，有一次，他因忘掉演说辞而汗流浃背，口吃与耸肩的毛病就卷土重来了，以至于被听众毫不客气地轰下台，甚至有人侮辱他。但他始终没有放弃，坚持对不足的地方针对性地训练，终于成为一代大师。

承认自己的不足需要的不是勇气，而是自信。确实如此。当你足够了解自己，不怕被人拆穿，关于自己的一切都能坦然接受时，你才敢特别坦然地说出“我现在确实没有那么好”。敢说出这句话的你，心里一定有一个想变得更好的自己。

其实这样的故事有很多，我身边也有一些勇于承认自己不足的人，最后反而在自己不足的地方有了很大的成就。

朋友王涵体质从小就很差，最讨厌的就是体育锻炼，印象中大部分体育课，他都在旁边帮我们看衣服。

上班后因为要应酬客户，经常喝酒熬夜，身体状况越来越差。

有次体检，医生说，他的身体各项机能已经很差了，要求他每天必须坚持锻炼。

他知道自己没有毅力坚持，所以，就花钱请了私教，并且告诉私教自己的体质很差，只能循序渐进。

一个月、两个月……他一坚持就是整整 3 年，身体素质越来越好，前不久他锻炼的健身房转型招加盟，他直接辞职自己加盟了一家健身房，当起了老板。

王涵的故事，真的印证了人会有各种潜能，前提是得先客观承认自己的不足，才明白要在哪儿下功夫。

俗话说：金无足赤，人无完人。我们身上都有不足，既不能自以为是，无视不足的存在，也不能畏缩不前，被不足束住手脚。

04

很多人觉得格局和自己没有什么关系，一般都是大人物才聊格局，其实，每个人都可以成为一个大格局的人。

就比如能够勇于承认不足，本身就是大格局的一种表现。

北大的林建华校长勇于承认自己的文字功底很差，白发苍苍的教授承认自己也有不知道的知识，而德摩斯梯尼承认自己天生资质很差，但事实是，他们都在自己的领域取得了很高的成就。

有人说，一个人的格局决定其结局，而决定格局大小的因素有很多，勇于承认自己的不足就是其中非常重要的一点。因为愿意承认自己有不足之处的人，内心其实是渴望进步的，有着期待成长的勇气。

请不要拿没钱当作敷衍生活的挡箭牌

01

上周末参加了一场线下培训，课程结束后，我发了条朋友圈，新近认识的一个网友就在微信私聊我，暂且称呼他为小王吧。

他表示对这个课程非常感兴趣，于是我很详细地和他聊了聊我的感受，结合他目前从事的职业和面临的困惑，我建议他也去上，而且最近就有一期，距离他所在的城市也很近。

“这么贵？下个月我女朋友生日，要给她买礼物，经济有些紧张。”我和他说了课程的费用后，过了很久，他打了这行字过来。

起初我以为他故意和我开玩笑呢，对于一个已经毕业3年多的人，几千元钱的积蓄不可能没有。

于是就顺嘴说，这个费用就线下课程来说，不算贵的。老师们也有一些网络课程，费用不高，你也可以先去听听。

没想到，他一口气发了一堆语音过来，大体是解释为什么没有积蓄，还说从现在开始就要为回家过年攒点钱，那些网络课程他也觉得有些贵。

忽然我就明白了，他不是没钱，他是还没准备好认真对待生活，所有对未来生活的向往只是想想而已，从来没有下决心去做，只是拿没钱当作敷衍生活的挡箭牌。

02

和我同一期上培训课的，有一位来自四川一个偏远小镇的男生。

他所在的城市很封闭，而他也刚刚离职，想来经济上不会比小王好多少。

为了下定决心来参加这个培训，他咨询了很多人，让他犹豫要不要参加的理由里面，却没有“没钱”这个因素。

透过不多的交流，能感受到他认真对待生活的态度，他常说，虽然所在的小镇现在偏僻些，但是他始终相信会越来越靠近大城市，所以，他要做好迎接变化的准备。

为此他报名参加了一些付费的网络课程，包括这一次的线下培训，而就这一次课程，他就要比我们生活在深圳以及周边城市的小伙伴多支付交通费和两天的食宿费。

这位男生让我想起纽约著名中学教师弗兰克·迈考特在其畅销回忆录《安琪拉的灰烬》说过的一段话：“我们在物质上极端贫穷，但我们总是很快乐，有很多渴望，很多梦想，很多激情，我们感觉很富有。”

虽说他不至于是极端贫穷，但他也只是和小王一样的普通人，赚一份不多的工资，但他从未因此而放弃成长。

身边有很多人，他们在不是那么有钱的时候，也从来没有放弃对梦想的追求，从来没有想过以此为借口去敷衍生活。

前几天看完了特立独行的猫写的《不要让未来的你讨厌现在的自己》，在书中她提到自己在大学里考托业的经历深深地触动了我。

她和另外一个同学去北京报班学托业，住小民房、吃泡面，我感受到的是，在追求梦想的路上，没钱根本不足以阻挡我们前进的脚步。

03

《知乎》上有这样一个话题：“没钱，对现在的年轻人意味着什么？”

其中赞同数最高的是许晓风老师的回答，她列举了 18 条反面观点和 17 条正面观点，其中并没有提到我们因此就要敷衍生活。

赞同数第二的回答，直接告诉我们，不要当一个既没物质也没精神的“穷人”。

那位叫作“加应子”的网友说，假使真的没钱，一定要接受这个事实，然后努力完善自己、充实自己。

当我们开始努力，自然也就不会敷衍生活了。

读大学的时候，业余时间我几乎全部用来赚取生活费，但我依然坚持参加了我喜欢的文学社和校广播站，虽然可能会错过一些兼职的机会，钱少赚了点，我每个月少花一些就可以了，我获得的精神上的富足是无法用金钱衡量的。

那会儿我始终坚信，没钱可以努力赚，前提是，不能因为没钱而放弃内心真正的渴望而因此敷衍自己敷衍生活，因为最终被敷衍的一定是自己。

就像张方宇在《单独中的洞见》说过的那样：“宁可在物质上贫穷，也不要在精神上平庸。物质上的贫穷就像体外伤，可以医治。精神上的平庸则犹如伴随人一生的慢性恶疾，极难治愈。”

当你存了敷衍生活的心，精神上自然就趋于平庸了，这是最难治愈的。

04

读夏沫的《预见未来的自己》，有段话我很喜欢：“物质的贫穷并不可怕，真正令人觉得可怕、感到可耻的是人穷志短、鼠目寸光、不思进取。”

而那些拿没钱作为挡箭牌来敷衍生活的人，无疑都是鼠目寸光、不思进取的人，这比没有钱更可怕。

所以停止拿“没钱”当作敷衍生活的挡箭牌吧！

什么事情是你当了领导才明白的

工作了10年，大大小小的领导当了也有9年。领导过别人，也被别人领导过，掉过的坑不计其数。今天把以往的经验总结了出来，全部都是干货，没有鸡汤。

好的下属都很贵

可以说，这是我工作10年最值钱的一条经验。

所谓一分价钱一分货，除去假冒伪劣的人才，好的下属都很贵，不要奢望用较低的薪资招聘到一个能力很强的下属。

所以，身为领导，务必做到以下三点：

1. 要在职责权限范围内给予下属合适并且有竞争力的薪资。

每个公司都有薪资体系，员工入职时的起薪直接影响到后续其涨薪，所以，尽可能给新入职的下属争取合理并且有竞争力的薪资，如果你压低了下属工资，这个员工的工资将有可能会永远偏低。

2. 鼓励下属主动和你提加薪。

一个对钱没有欲望的员工，对公司其实是一种灾难，而一个对钱没有欲望的下属，对领导来说也是一种灾难。

唯有对钱有欲望，才会努力达成目标，实现多方共赢。

所以，身为领导，要鼓励下属主动和你谈加薪，这样就会避免一些人因为对薪资不满意而离职，造成人才流失。

3. 随着下属个人能力的提升，主动为其加薪。

之前，我一直信奉的观念是：先好好干，工资一定会给你涨的。

而事实是，我在一家公司干了9年，老板一次也未曾和我提起过加薪，所以我很负责任地告诉你，你不主动帮下属加薪，公司基本上是不会主动给任何一个员工加薪的。

所以，当下属能力提升之后，领导要主动为其提高薪资，而且加薪时，不能单一以员工当下拿到的薪资为标准，而是以公司换掉他的机会成本为依据，也就是这个职位的“市场行情+招聘费用”。

当然了，除去底薪，各类绩效奖励也非常重要。这点每个公司以及不同部门的标准都不同，身为领导，也要为下属谋划好，确保其付出有相应的回报。

总之，有个道理和大家共勉：在这个世界上，或许存在不喜欢钱的人，但绝对没有不需要钱的人。

营造快乐的工作氛围

钱固然重要，但也不能一味逼着下属赚钱，这样会适得其反。

在《和繁重的工作一起修行》这本书中就提到，企业不能只关注利益，而是要更多地关注快乐和幸福，因为企业利润只是快乐和幸福的无数个载体之一。

那么，领导者就需要换位思考，站在下属的角度去想，把制度设计与员工的内在需求相结合，会让员工更快乐更积极，利润或许会随之而来。

身为领导，想要营造快乐的工作氛围，有两件事情一定不能做。

1. 不分场合批评下属。

批评犯错的下属，这合情合理，不可取的是，不分任何场合大声批评，这会让下属觉得没有面子，伤其自尊，也是不尊重别人的做法。

这种批评方式只会引来下属的反感，对实现更高利润没有任何好处。

2. 把责任推给下属。

当下属犯了错误，领导必须有所担当，如果将所有责任都推给下属，长此以往，下属心中自然是不开心的，最终的结果可能就是离职。

好的领导是教练

这点是我在学习教练技术时悟到的，身为领导者，往往喜欢指导下属做事情，甚至有领导喜欢亲力亲为，不放心让下属做任何事情，这样是完全不利于员工发挥主观能动性为公司创造利润的。

在约翰·惠特默爵士的《高绩效教练》中提到了这样一个观点：

80% 的员工在问你怎么办的时候其实都已经有了答案；

70% 的情况下领导给予的建议都是错误的。

所以，领导者要学会放弃指导，因为当你一遍遍地教训和指点下属时，他会觉得这不是他应该要解决的问题，收效肯定不大。

应该成为一个教练型的领导，用心支持下属，帮下属梳理清楚目前的状况，调动他的积极性让他自己找到行动计划，而不是告诉他怎么做。

唯有这样，下属才能真的被培养出来。

践行深度工作　砍掉肤浅工作

有一种职场现象大家应该不陌生，就是有些人永远都在忙，但永远不会被加薪，因为他没有为公司创造太多的价值，领导者尤其爱犯这样的错误，因为管理的人多了，就会觉得要处理的事情也很多，会变得越来越忙。

有很长一段时间，我就是这样的人。

直到后来读了卡尔·纽波特写的《深度工作》这本书，我才明白，原来工作是有深度工作和肤浅工作之分的。

深度工作是指在无干扰的状态下专注进行职业活动，使个人认知能力达到极限，这一类的工作能够创造新价值，提升技能且难以复制。

肤浅工作是指对认知要求不高的事务性任务，往往在受到干扰的情况下开展。此类工作通常不会为世界创造太多新价值，且容易复制。

那么，身为领导者，必须要带领团队用大量的时间来做深度工作。

最有效的方法就是定期询问掌权者，哪些方面的工作最关键，他们最希望你做什么事情。

作者在书中也给了很多的具体建议，我结合自己的经验，总结了以下三点：

1. 做好每天的计划。

深度工作要求我们要尊重时间，所以每一分钟如何使用，我们都要做到心中有数，当然，我们也要允许日程中有突发改变，甚至可以主动寻求改变。

2. 肤浅工作时间控制在 10%。

书中指出，对于大多数非入门级的工作岗位，肤浅工作预算通常在工作时间的 30%~50%，也就是说，有一半的时间做的事情是无法创造价值的。

身为管理者，我觉得这个一定要控制在 10% 以内。

也就是说，如果你一天用来投入工作的时间是 8 个小时共计 480 分钟，那么你一天的肤浅工作时间要控制在 48 分钟的以内。

因为如果你的肤浅工作时间占用太多，就意味着你花在产出价值的事情上的时间少了。

3. 比你平时提前一个小时结束工作。

卡尔·纽波特提出过一个“固定日程生产力”的概念，就是说确定一个工作目标，并设置工作时间上限，达到时间上限时则停止工作，这会有利于我们专注于有生产效率的深度工作。

关于这点，我一个做企业的朋友通过实际行动做了印证。

他说，自从创业以来，他每天都是晚上 0 点以后离开办公室，这样让他根本没有时间和精力陪伴家人，直到他的身体查出了问题，医生要求他必须每天晚上 10 点之前入睡。

于是，他尝试着每天 6 点后就强迫自己放下手上的工作离开办公室，坚持一段时间后，他发现，公司的运转反而比以前好了。

后来我反思，其实他无意中就是应用了“固定日程生产力”，使得他减少了实际工作时间，但依然达到了目标。

真正决定人生高度的，是你的行动力

01

在一些文友自发组织的微信交流群里，大家经常共享热点素材。

每次总有人在第一时间提炼出主题并完成一篇文章，也总有人感慨：“我还没有开始呢。”

有种距离，就是你刚写完提纲，别人已经交稿了。一句看似调侃的话，说的就是一个人的行动力。

有名人说过，一个人之所以变得平庸，不是因为他做了什么，而是因为他什么都没有做。

网络上曾疯传一段关于河北石家庄的艺考生苏灵琪的视频。

她曾重 170 多斤，为了报考自己热爱的播音主持专业，经过努力，在艺考前 20 天，狂甩 60 斤，成功减到 110 斤。

为了更快减肥，她只吃水煮菜和高蛋白的食物，把一切喜欢吃的油炸食品全部戒了，而且每天都坚持锻炼。

我们人人都不想被嘲笑，人人都明白努力了就不后悔，但却不是人人都有行动力。

卢苏伟在《你要配得上自己所受的苦》中说过这样一段话：“一个人的执行力和行动力，决定一个人的成就，要成功就要忍受眼前付出的辛苦和各种与目标无关的诱惑。”

的确如此，像苏灵琪一样不满足于现状的人有很多，而她只是因为有了行动力，将想法付诸实践，她就已经开始拥有了不一样的人生，至少她的成就会比什么都不做的人要大得多。

很多时候，我们只是看见了别人的成果，却很少去思考，别人为什么会有这样的成就？除了专业技能、想法、格局……最重要的，其实就是一个人的行动力。

那些所谓的牛人，只不过是普通人把自己的想法付诸了行动而已，你的行动力直接决定了你的人生高度。

02

记得《我的世界很小，但刚刚好》有这样一句话："一切没有行动力的计划都是耍流氓。"

也有人说，这世界从来缺少的不是完美的计划，而是说干就干的行动力，这点我很有感触。

因为我身边就有计划做得非常完美但从来不行动的人。

阿军就是其中一位，他在朋友圈中极其有影响力，因为他善于思考，思维缜密。

前不久大家商议着一起去泡温泉，由他来组织安排。

他很热心，几乎每天都更新一版计划，细到出发大家要带什么衣服、带小孩子的家庭要准备什么东西……但就是迟迟不定出发的准确时间。

每次大家一催促他，他就说，计划还没有完全做好，再等等。

这一等就是好几个月，有几个急性子忍不了了，一通电话下来，大家开车就出发了，而据说他的方案现在还在修改中。

后来读一本心理学方面的书，才明白原来阿军这样的人属于思考型性格的人。

这类人最大的特点就是喜欢谋定而后动。

这 5 个字其实是褒义词，但如果一个人始终都在谋而不动，谋其实就是一个人不愿意行动的托词了。

一味地谋而不去做，就永远不知道后续的事情如何发展。外面的世界是瞬息万变的，等所谓的谋划完美了，或许已经不适用于当下的环境了，而其实一个小的外界条件就可以对后续产生无法估计的影响。

所以再怎么谋，作出再完美的计划，我们也不可能看清楚整个事件的发展过程。

唯有快速行动，才能推动事情的发展，最终抵达目的地。

决定你人生高度的不是制定多么完美的人生规划，而是即刻行动。

03

当然了，不是说只要你开始行动就一定会得到自己想要的结果，行动力不是万能的。当我们把想法付诸行动之初，大部分人都是充满信心的，但在受到各方面的阻力后，还是有一些人会放弃行动。

记得我在商学院的课程走到了践行阶段时，所有人离开了课室，重新回到自己生活和工作的圈子里践行拟定的行动计划。

起初大家都信誓旦旦地表示一定会坚持行动100天。

而事实是，开始没几天，就有人准备放弃了，理由就是事情多，家人反对……总之就是无法继续坚持下去。

阿雪就是第一个放弃的人。

昨天我和同学一起去劝她，她讲了很多的理由，觉得的确是无法坚持下去了。但在我看来，她所谓的那些理由，顶多算是借口而已。

在真正强大的行动力面前，所有外界的干扰都是无法阻碍一个人持续行动的，这点我最佩服的人是《根》的作者哈利。

他曾是美国海岸警卫队的一名厨师，业余时间帮同事们写情书，当他发现自己爱上写作后，就下定决心两到三年内写一本小说。

于是，每天晚上当别人出去娱乐时，他就在房间里写作。后来退役后，他依然坚持写，因为没有多少稿费，他的欠款越来越多，甚至没有买面包的钱，但他依然坚持写。

期间有朋友实在看不下去了，就给他介绍了一份到政府部门工作的差事，他拒绝了，理由是他要成为作家，所以要不停地写。

12 年后，他写完了那本书，就是他的成名之作《根》。

据说他的手指都变形了，视力也下降了很多。

值得庆幸的是，他的那本书火了，引起了很大的轰动，仅在美国就发行了 160 万册精装本和 370 万册平装本，他的收入一下子超过了 500 万美元。

他曾说过："取得成功的唯一途径就是立刻行动，努力工作，并且对自己的目标深信不疑。"

但在我看来，他成功的原因除了立刻行动外，更重要的是他能在行动的过程中排除万难，坚持下去，因为这比立刻行动要难很多。

04

当有人意识到自己没有行动力时，很容易对自己说，现在晚了，来不及了，只能算了。

于是他们总是不肯开始，就让很多原本能够实现的梦想和目标在自我叹息中烟消云散。

其实，无论过去如何，当下你只要立刻开始行动，就不晚，因为迟开的小花也能结果，而且有可能结出更加珍贵的果实。

著名画家齐白石画虾可以说是画坛一绝，灵动活泼，栩栩如生，来自生活，却超越生活，大胆概括简化，被人称为传神妙笔。而他其实是在 62 岁的时候，才意识到自己对虾的领会还不够深入。

于是，他就在画案上放了一个水碗，常年养着几只虾，反复观察虾的形状、动态，不断练习，才有了我们今天看到的一幅幅画。

只要你想开始，任何时候都不晚。

05

如何才能提高自己的行动力呢？

前面我们说过，一个人行动力差，很大一部分原因就是这个人爱思考。

那么，面对一件事情，首先就结合爱思考的特点算概率，当一件事情有七八成成功的概率，就可以立即行动了。

因为很多人都认为，确保有百分百成功的可能性才可以行动，这显然不现实的，因为没有人能有这个把握。

人要敢想敢做，有想法就去行动，一旦冲动的想法淡了，行动力也就弱了。

其次是要坚定一个想法：办法比问题多。

善于思考的人，会在行动之初就设想出很多可能出现的困难，这是导致他们迟迟不行动的重要原因，但我们都应该清楚，办法一定比问题多。

就像哈利，在坚持写作的过程中，甚至连温饱都成问题了，依然坚持写，写了 12 年都没有饿死，用事实证明了办法总比问题多。

最后一点是行动开始就要多付出。

这里的付出包括但不限于时间、金钱、时间等，因为爱思考的人经常会认为，付出了那么多，不收获点东西太吃亏了。

所以一般前期付出多一些，就会更容易坚持一些。

当然了，做到这三点虽然能够提升一些人的执行力，但毕竟每个人的人生是自己负责的，真的要提高自己的行动力，不要过于寄希望于外部，内部催生出来的力量才是长久的。

不管怎么样，只要有想法，先试着踏出一步总是没错的。

一个人最大的能力，就是让人放心

01

有阵子，公司主营业务做了调整。

老板决定在我负责的部门下设一个客户服务部专门服务客户，并从内部提拔一个人作为部门经理。

经过多方考量，我将小王和小陈推荐给了老板，就综合素质、对产品的熟悉程度以及对公司的忠诚度来说，两个人不相上下。

那么问题来了，到底选谁做这个部门的负责人呢?

老板一时也定夺不下。

因为这个部门的工作将来是需要和公司所有部门打交道的，所以老板召集各部门负责人一起讨论。

大家也觉得两个人都非常优秀，一时无法决断。

测试部门的负责人忽然说话了："我倾向于小陈，他办事比较让人放心。"

他说，每次新功能上线，测试部门都会发邮件告知所有面向客户的业务人员。

希望他们及时搜集并且反馈客户对于新功能的使用体验，包括使用过程中的一些优化建议。

因为不是本职工作，所以很多业务人员都没有当回事，但小陈每次都会及时反馈；而且，被他们采纳的建议，小陈也会主动跟进进度，并及时告知给客户。

说实话，这个事我都不知道，但是我和测试部负责人的感觉是一样的，那就是小陈是一个让人放心的人。

所有的紧急任务，我的第一人选永远都是小陈。

甚至有时临时出差订机票这样的小事，我也会先想到他，因为我从来不担心他办不好事情。

小王虽然各个方面都和小陈差不多，却并没有给人一种放心的感觉，最终小陈成了部门经理，这是发生在我身边的真实故事。

后来每一次在人事调整的时候，小陈都因为办事让人放心这个特点而得到重用，现在已经是公司核心业务团队的负责人之一了。

褚洪望曾经说过："做人让人感动，做事让人放心。"

也有人说，一个人最大的能力就是能让人放心，更有人说，最聪明的做人之道，是让人对你放心。

很显然，一个让人放心的人，职场上一定会更容易受到重用，也会被更多的机会垂青。

而一个让人不放心的人，他的事业也一定困难重重，很难有受重用的机会，人生道路也会变得更窄。

02

同小区的阿丽，最近因为从幼儿园接孩子的事伤透了脑筋。

眼看着孩子还有几天就要上幼儿园了，婆婆却因为家里临时有事要回去处理，大概需要半个月。

她想在同小区找一个人帮忙每天晚上接一下女儿，因为她和老公是可以在上班前把女儿送到幼儿园的。

首先她想到的是平日里和她最要好的阿梅，阿梅的孩子和阿丽的女儿是同岁，选择的也是同一个幼儿园。

而且她全职在家里带孩子，时间充裕，于是她就和阿梅商量，阿梅也是一口答应了。

为了让女儿提前适应阿梅，昨天阿丽把女儿送到早教中心后就去上班了。

嘱咐阿梅按时去接，担心阿梅忘记，阿丽还专门提醒了好几次。

临下班的时候阿丽参加一个会议将手机调成了静音。

会议结束后，手机里有很多个未接电话都是早教中心的老师打给她的，她吓了一身汗，以为女儿出事了。

结果老师说，阿梅忘记去接她女儿了，老师给她打电话打不通，后来联系到了阿丽的老公，才来把女儿接回去。

当阿丽问阿梅的时候，她居然很轻描淡写地说忘记了。

阿丽心里就很不是滋味，老公就说，这个人办事不放心，还是不要让她接女儿了吧？

阿丽就找了个理由，再也不敢让阿梅接她女儿了，而且在她心里，阿梅也不再是那么要好的朋友了。

电视剧《秦时明月》中的盖聂说过这样一段话：

勇敢，不是通过别人为他担心来证明的，尤其是那些关心他的人。强者，是能够让他的朋友、亲人感到安全、放心。

一个强者，一定也熟谙做人之道，做事让人感到放心。

一个在工作上让人觉得放心的人，在职场上会有更多的机会。

而在日常生活中让人觉得安全放心的人，也更容易收获友情。反之，则会被朋友们逐渐疏远。

03

很久以前，在朋友家里翻过李光彩的《说话让人舒心，办事让人放心》那本书。

序言中有段话给我留下很深刻的印象：

世上不乏才华超卓、智能出众之人，起初被大家一致看好，后来的结局却不太美妙，有些人的遭遇还很悲惨。

有的人往往怨怪时运不济、小人作祟，但究其原因，无非三点：

一是说话让人不舒心；二是办事让人不放心；三是说话、办事都让人烦心、揪心、痛心。

可见让人放心对一个人来说是多么的重要。

细想一想身边那些在工作中平步青云、生活中人缘很好的人，无一不是让人感觉放心的人。

所以，努力成为一个让人放心的人，就显得很重要了。

那么，如何才能成为一个让人放心的人呢?

我觉得要从两个方面努力，一方面是不断提升自己的综合能力，另外一方面就是培养自己的责任心。

因为放心有两种形式上的放心，一种是能力上的放心，而另一种是态度上的放心，而且两种是相辅相成、缺一不可的。

就算是你再有能力，可是让别人觉得你做事不踏实，没有责任心，也没有人敢相信你重用你。

而如果你做事很有责任心，但是能力不行，别人也不太放心把事情交给你做。

就像我们公司的小陈，他是有责任心而且让人放心，但如果他工作能力不行，自然也是无法胜任部门经理的。

而阿丽的朋友阿梅，虽然具备能够接送阿丽女儿的能力，但不是很有责任心，阿丽自然也不敢放心地把女儿交给她接。

其实，做一个让别人放心的人，真的是一种人生的境界，需要我们在成长的道路上不断地修正自己，才能让跟你交往的人觉得放心、舒服。

办事让人放心，是对一个人最高的评价。

工作中我们要上级放心、下级放心、同事放心，生活中我们要让家人放心、朋友放心。

放心蕴含着一个人的品格，也体现着一个人的修养。

最深沉的爱，是不忍心给你添麻烦

01

上周末，陪妈妈去北大医院神经科看病。

她一只眼睛上下眼皮跳得很厉害，医生问："这个症状多久了？"

妈妈说："两个多月了。"

坐在旁边的我，极为自责地补充说，我妈都没有和我说过。

两个星期前，老公陪妈妈去了妇幼保健院，将一颗牙齿拔掉了。

老公回来和我说，妈妈告诉医生，那颗牙齿已经疼了一个多月了，而妈妈之所以不告诉我们眼皮跳的事情，是因为她以为是牙齿疼引起的，结果牙齿拔掉后两个多星期了，眼皮还是跳，才不得不在上周五晚上告诉我。

她还是不小心说漏嘴了，在告诉我之前，她和爸爸已经去家附近的眼科医院看过了，医生说这种情况得看神经科，妈妈才意识到问题有些严重。

"就是怕给你添麻烦。"当我正滔滔不绝地"教育"妈妈，有病就得看，耽误了病情会引发了其他问题时，妈妈忽然像个犯了错误的孩子，低着头，弱弱地说出了前面那句话。

然后我就假装要上卫生间，用冷水狠狠地洗了把脸。

我不想妈妈发现我的眼泪，因为她一定会认为给我带来了麻烦。而这，也会给她带去自责的麻烦。

记得在网络上看见这样一句话，大意就是，一个人对你最深沉的爱，其实是不忍心麻烦你，父母如此，朋友亦如此。

我有个很好的闺密，前阵子来深圳出差，结果客户临时有点重要的事情要处理，她就多出了一天的时间可以支配。

她没有告诉我，而是选择一个人去了海边。

离开前我请她吃饭，她无意中说起这个事情，我表示很生气，她明明可以喊上我一起出去玩的。

“你不是在赶稿吗？我不忍心麻烦你，耽误你的时间。”闺密看着我认真地说，当时我的心揪了一下。

闺密知道，无数个深夜我都在赶方案，我也已经大半年没有周末和假期了，她知道我时间不够用，所以不忍心再麻烦我。

这不是疏远，而是另外一种爱！

所以，如果有人总是不忍心打扰你，那对你一定是真爱！

02

从记事起，我妈妈就有不给我添麻烦的习惯。

我读大学时，妹妹都还在读高中，也是家里经济最紧张的时候。

一年秋天，爸爸半夜骑摩托车载着妈妈去办事，掉进了一个大沟，妈妈的一条胳膊摔断了，但当时的团部医院居然没有诊断出来。

于是，那个秋天，妈妈就拖着一条“断掉”的胳膊，坚持每天拾棉花，虽然医生没诊断出来，但妈妈肯定是能感受到的。

试想一下，胳膊的某个部位完全断裂，那种疼，唯有经历过的人才能感受到。

秋收结束后，妈妈让大妹陪着去了石河子的大医院，拍了片子才知道，妈妈胳膊断裂的部位，已经愈合了，却是错位的。

于是，医生将已愈合的部位敲断，再接上……如今妈妈的那条胳膊，连我女儿都抱不起来，套头的衣服也无法穿进去。

那时我远在黑龙江读书，妈妈嘱咐家人不许告诉我，怕耽误我读书，给我添麻烦。

这一切，都是后来我毕业工作后，家人陆陆续续告诉我的，知道的那一刻，我就对妈妈发了脾气。

如果当初告诉我，我一定会让妹妹带着她去大医院检查，不至于白遭罪，就因为怕麻烦我，就选择自己承受，想起来我就痛心。

如今想来，不仅妈妈如此，我又何尝不是怕给妈妈带来麻烦呢？

毕业后的第三个月，我被人骗光了身上所有的钱，连早餐的钱都是当时的舍友赞助的，但每次和妈妈通电话，我依然装作兴高采烈。

独自一人在外漂泊，妈妈已经担心得睡不好觉了，我又怎么忍心让她跟着我担惊受怕？

这几年，因为要帮我照顾女儿，妈妈和我生活在一起的时间比较多，所以常聊天，无意中提到那件事情，妈妈的眼泪刷一下子就流出来了。

一个人怕给对方添麻烦，其实是深知对方对自己的爱，不忍心让对方为自己伤心和担心。

03

回想和母亲的点滴，读书的时候，远在外地，母亲自然知道我是没有能力帮助她的，而我也很难切身地去感受到母亲的内心。

而今成了家，女儿稍微咳嗽下，我都能及时感受到，而母亲，牙疼了一个多月，眼皮跳了两个多月，我却始终没有发现。

就这个问题，我和几个闺密聊过，大家一致都认为，父母年纪大了，反而很多事情都不愿意和我们说了，理由都是怕麻烦我们。

细细想来，或许，父母也曾向我们暗示过被我们忽略了，或许我们无意中表现出的忙和累，一次次扼杀了父母们原本想要和我们沟通的心。

而其他朋友家人又何尝不是如此呢？

他们因为爱我们而不忍心麻烦，而我们就越发要多一些用心，留意到他们的需要。你这样做了，对方会感觉很温暖，两人之间的关系也会变得更加亲密。

皓妈是我最近新认识的朋友，前几天在微信上聊天，我无意中提到自己写稿忘记吃午饭了。她就说，自己包了包子做了辣椒酱，可以给我送过来，我自然是拒绝的，因为她坐地铁过来专门给我送，也是个麻烦事。

但谁知道，半个小时后，她出现在了我的门口。

当我看见她的那一刻，这个朋友就走进了我的心里，不是因为她送了包子给我，而是她能细心地觉察到我不愿意麻烦她的心理，也觉察到了我的需求，还是选择麻烦自己。

人们都说，关系就是相互麻烦出来的。和人相处，多觉察对方内心的需求，能够像皓妈一样善解人意，会让被你关爱的那个人，更爱你！

04

在《狂拽的宇宙超人》中，有一段话："当你的儿子不再麻烦你的时候，他们或许已经长大了！当你的父母不再麻烦你的时候，他们或许已经离你而去！当你的老婆不再麻烦你的时候，她或许已经去麻烦别人了！当你的朋友不再麻烦你的时候，你们或许已经产生了隔阂。人生很短，请一定珍惜那些麻烦你的人！"

这点我特别感同身受，虽然爱你的人，都不忍心麻烦你，但有人麻烦你，其实也是另外一种幸福。

女儿刚上幼儿园时，每次分开的时候都恋恋不舍，还要掉几滴眼泪才愿意上楼去，从今年开始，每次一进校门，头都不回就直接上楼了。

她终于不给我添麻烦了，我反而有了一丝失落。

所以，如果还有人麻烦你，就好好珍惜吧！

当然，有人不忍心麻烦你，也是一种幸福！

05

感恩生命中的那些障碍

你对待竞争对手的态度，暴露了你的格局

01

前几天，参加了一个前辈组织的饭局。

闲聊时，有人提起了我们都认识的两个人，王胜和小军。

“王胜混得不错，自己开公司了。”前辈告诉我们。王胜在行业里积累了一定的客户资源后，就自己创业了，由于他人缘好，客源始终不断，公司经营得还不错。

提到小军，大家都摇头，说这小子，晃荡了这么多年，还是底层的销售人员。

其实，小军和王胜当年都是普通的销售人员，分别在相互竞争的两家公司就职。O2O 很火的时候，拥有餐饮、娱乐等行业大客户的销售人员很吃香，小军和王胜能力相当，在圈子里口碑都很好。

后来不知道发生了什么，小军的很多客户都选择和王胜合作了，有人说小军得罪了行业里很有影响力的一个人。

“其实是因为他背后说竞争对手的坏话。”前辈抿了口茶，说，“传言小军得罪的那个人就是他。”

当时前辈的企业要策划一个周年庆的营销活动，小军和王胜代表各自的公司提交了方案。

为了公平竞争，前辈安排两人分别介绍自己的方案，方案中需要剖析自己和竞争对手的区别。

“现场，当着公司的管理层，他说了很多王胜方案中的不足，连带着还诋毁了王胜本人；王胜阐述完自己的方案后，还诚恳地建议，可以考虑和小军的

公司联合执行这个方案。”前辈说，两个人的方案他都看过，对竞争对手的分析都是很客观的，让他意外的是，小军在现场居然临时变卦。

看着我们不解的眼神，前辈笑了，他说：“其实一个人的格局，从他对竞争对手的态度就能看出来了。”

饭局的最后，前辈说，其实王胜的能力比小军要差点，但他从不说其他竞争对手产品的坏话，而且在每次的提案中，都极为客观地分析竞争对手产品的优劣，给客户提供建议。

时间久了，越来越多的客户认可了王胜，远离了小军。

他们的故事，让我想起了诺贝尔。

诺贝尔在读小学的时候，成绩一直是班上的第二名，第一名总由柏济同学获得。

有一次，柏济意外地生了一场大病，无法上学而请了长假。有同学替诺贝尔感到开心：“柏济生病了，以后的第一名就非你莫属了！”

诺贝尔并不因此而沾沾自喜，反而将课堂笔记寄给因病无法上学的柏济。学期末，柏济的成绩还是维持第一名，诺贝尔则依旧名列第二名。

众所周知，诺贝尔长大之后，成了一个卓越的化学家，他死后，将他所有的财产全部捐出，设立了诺贝尔奖，但几乎很少有人记得永远考试第一名的柏济。

都说一个人的格局决定结局，而他对竞争者的态度就能看出这个人的格局。

大格局者，不会永远只想着自己，而是把别人也装在心里，也不会人云亦云，更不会因为害怕被击败而选择诋毁对手。

02

在网络上看过这样一个段子，很有趣。

一姑娘把新买的 iPhone6s 放在钢琴上，她同学看到后说：“真能装！不就买个苹果吗，放这么显眼的位置。”女孩笑了笑说：“我弹着 80 万的钢琴，你却只看到一个6000元钱的手机。”

这个段子说明了一个道理，那就是你的注意力在哪里，你的格局就在哪里。

心理学上也有类似说法，就是你的注意力在哪里，你的成就就在哪里。因为当人的注意力聚焦在一点上，其他信息就会被过滤掉。

一个大格局的人，面对竞争对手时，会将所有注意力集中到自我的发展上，而不是花太多的时间和精力去攻击竞争对手。

企业的经营，也是同样的道理，不过多在对手身上消耗自己的注意力和力量，专注企业自身的进化，对手自然就会被甩到后面，而且在高层次上，很难有对手跟上来，这其实就是任正非讲的：进入无人区。

就像我们都熟悉的苹果公司，相信乔布斯并不是站在打败诺基亚的角度去做手机的，而是他基于对手机的重新理解，对顾客隐性需求的挖掘，而做出了一款超越时代的智能手机。

梦想合伙人郝颖（卡瘦总裁）说过：“作为一个创业者，我们要竭尽全力地跑到终点，而不是把别人绊倒，尤其是在别人已经伤痕累累的时候，更不应该去补刀。”

你将注意力放在攻击竞争对手上，自然就不会将注意力集中到企业和个人未来的发展上，就很难让企业或者个人，立于不败之地。

而你将注意力放在自我不断完善上，就不会过多理会对手的动作，而是专注从更高维度来自我进化，无论是个人还是企业，都会有更长足的发展，也一定可以远远甩开竞争对手。

03

读完《竞争心理学》这本书，我接受了一个事实：

那就是竞争无处不在，而竞争的普遍规律是强者得以生存和发展，弱者惨遭淘汰，甚至灭亡。

这也就意味着，当我们和竞争对手在一起时，天然就想超过对方，这是人的一种本能。

如果一个人面对竞争对手，依然能够做到尊重、包容，足见一个人的心理状态有多么稳定。面对得失，情绪自然不会大起大落，这样的人，一定是有大格局的人。

实力派演员冯雷在一期《演员的诞生》中和于毅搭档，共同演绎了电影《追龙》中的经典桥段，再现了香港黑白道激斗的场面，两人可以说是棋逢对手，飙戏酣畅淋漓。

依据情节的发展，演员于毅在台上连着用头爆碎了两个酒瓶，现场观众惊叫连连，就连几个导师都惊讶得张大了嘴巴。

然而，戏剧性的一幕却出现了：于毅爆碎了酒瓶后，酒瓶的广告帖留在了于毅的头上，大家应该可以想象得到顶着广告帖的于毅有多么滑稽。

两人在台上的身份是竞争对手，显然这种情形对冯雷是有利的。

但冯雷却在第一时间，很随意地边说话边用手打掉了于毅头上的广告帖。

说实话，要不是事后他们说这是个意外，我会认为打掉广告帖本来就是安排好的情节。

冯雷的这个行为，让宋丹丹、章子怡等都赞不绝口。这为他的成功晋级加了分。

或许在表演过程中演员之间彼此解围不算什么，面对竞争对手的失误，第一个反应是替对方解围，就不是一般人可以做得到的了。

冯雷帮助了对手于毅，非但没有拉低自己的成绩，反而为自己加分了，这是面对竞争对手时更高的一种心境。

遗憾的是，现实中太多人都习惯抨击竞争对手。

记得当年奥巴马跟希拉里在竞选民主党总统候选人时，有个小插曲很有启发。

奥巴马打的口号是 change（变革），而希拉里打的关键词是 experience（经验）。希拉里强调说，奥巴马就是个参议员，根本就没有当总统的经验；而我做过总统夫人，而且很多事就是我干的，我比他有经验。

细想一下，两人之间的区别就出来了：奥巴马的注意力在民众，希拉里却盯住了奥巴马的不足，不断强调我比奥巴马更有经验。

所以有专家说："希拉里的广告语里面，每投资一句广告语都分了一半给奥巴马，因为她的广告语里面有奥巴马的名字。"

其实，当我们太关注如何抨击对手时，往往意味着我们会不知不觉地跟着对手走。

你诋毁别人时，在旁观者的眼里，不管别人做得好不好，就算人家技不如你，最起码你少了几分雅量。

有大格局的人，面对竞争对手，会时刻怀有敬畏之心，懂得尊重每一个倾尽全力的对手，而不是像格局小的人那样，伺机落井下石。

04

生活中，男人和男人之间，为事业前途明争暗斗；女人和女人之间，为爱情婚姻争风吃醋；企业与企业之间更是使出浑身解数争抢市场。可以说竞争无处不在，那么，我们到底如何面对竞争对手呢？

我比较喜欢林肯的建议，他说："消灭敌人最好的办法就是把竞争对手变成自己的朋友，那么我们或许真的能一劳永逸。"

在我看来，这是一个很高的境界，不是人人都能达到的，作为普通人，面对竞争对手，我认为有三种层次的心态：尊重、学习、合作。

第一层是：尊重。

就尊重对手来说，我觉得世界级拳王泰森做得比较好，他曾说："假如没有昔日的竞争对手，也就不会有今天的拳王。所以，感谢对手。"

感谢，其实就是对对手的一种尊重。

其实，对手本就是我们的一笔财富，因为对手会像镜子一样，将我们的缺点和不足暴露出来，更有利于我们砥砺前行。

第二层是：学习。

有一句话说得好："一个好的朋友不如一个好的竞争对手。"

因为有竞争才有动力，有压力才有动力，一个好的竞争对手，可以逼迫我们锐意进取，否则，就只能等着被吞并、被替代、被淘汰。

这个层面最典型的案例就是可口可乐公司与百事可乐这两家公司了，多年以来，双方都盯死了对方，只要对方一有新动作，另一方肯定也会有新花样，结果是二者都有了长足的发展。

第三层是：合作。

许多人都把竞争对手视为心腹大患，是异己，是眼中钉、肉中刺，恨不得马上除之而后快。其实，反过来仔细想一想便会发现，有些时候，竞争对手可以成为很好的合作者。

合作的前提就是找到双方的共同利益。

当初，通用汽车和戴姆勒－克莱斯勒都分别觊觎着电气混合动力型汽车这一快速增长的新市场，但是这两个汽车巨头又同时面临着与丰田和本田的一场硬仗，丰田和本田都在早期进入该市场并处于领先地位。

因此，它们必须找到一种方法来加快产品开发的速度，以便在最短的时间内向市场推出具有竞争力的混合动力技术。

最后，它们选择了合作。

这样的案例有很多，像通用汽车和福特公司等，它们既是竞争对手，同时又是合作伙伴，一起肩并肩地开发新产品，分享新理念和新技术，合作开拓市场。

马云说过，人生要有大格局。格局大，人生未来的路才能宽，而你对竞争对手的态度，往往就暴露了你的格局。

反对你的人，才是你的贵人

01

有天下班后，项目经理小王一脸郁闷地找我聊天。

他说有位同事总是反对他，好几次还都是在公共场合，搞得他很没面子。尤其是在本周的例会上，他新定的项目跟进流程原本已经得到小组成员的一致认同，那位同事却坚决反对。

小王想请我帮忙，把这位同事调到其他项目组。

那位同事在部门会议上，也喜欢发言，虽然有时观点难免片面，却是个有想法的人，所以我对他有点印象。

“他为什么要反对你啊？”我问小王。

小王拿出会议纪要，上面写着那位同事反对他的原因，主要是针对小王新定的项目跟进流程，提出了很多意见及调整建议。

坦白说，我觉得那位同事提的建议都很中肯，但小王明显是不愿意采纳的，主要是因为自己的想法被否定了，有些恼怒。

“这家伙确实不是第一次反对你了。”我先表达对小王的理解，然后假装无意提起之前小王获奖的一个提案：“我记得去年你获奖的那个提案，初稿他就提出了很多不同观点，后来你采纳了一些，有些还成为你提案中非常出彩的部分，我没有记错吧？”

小王频频点头，承认那份提案能获奖，多亏了那位同事的反对意见。

他还很情不自禁地说了好几件事情，都是得益于那位同事及时提出了不同的意见，事情的结局才更完美。

聊了 40 多分钟后，小王不好意思地说，细细想来，和很多只会一味地赞成他意见的同事相比，那位反对他的同事，反而对他支持更大。

哈佛大学教授约翰·科特认为，那些反对你的人，有可能才是真正最大限度能够帮助你的人。

坦白说，我们都讨厌被反对，“反对”让我们很不爽。

然而，有时候“反对”的人只是在告诉我们一种不同的方式、方法，这些都会让我们判断更加的理性，作出正确选择的机会也会增加，这才是对我们真正的支持。

02

我刚当部门主管的时候，最害怕下属反对我，恰恰是因为这一点，让我在职场上吃了不少苦头。

有一次，在讨论一场线下活动的执行方案时，有位男同事极力反对我的人员安排，他认为每个分会场应该有后备人员。

理由是：活动时间在周末，可能会有同事临时有事无法准时参加。而我固执认为，所有参与人员已经全部确认会准时到场，再储备人员简直多此一举。

当时我和他吵得很凶，最终，我坚决没有采纳他的建议。

结果，活动当天，有三个同事因为各种原因而无法到场，还是那位同事临时召集人手补齐才不至于影响活动效果。

后来我才知道，他曾独自负责过好几个类似的现场活动，有着非常丰富的经验。

想来很多人都和曾经的我一样，都希望自己的决定被人支持，因为被支持的感觉无疑是美好的，让我们感受到认可和自身的价值，甚至感受到被爱和尊重。

可是，被反对的感觉虽然不好，有时却更有利于我们将事情做好。

笛卡尔曾说：“反对的意见在两方面对于我都有益，一方面是使我知道自己的错误，一方面是多数人看到的比一个人看到的更明白。”

而戴尔·卡耐基在《人性的弱点》中也说过类似的话：“从反对你、批评你的人那儿，不是可以得到更多的教训吗？敌人对我们的看法比我们自己的观点可能更接近事实。”

03

有人说，经常第一个相信你的是陌生人，第一个反对你的是最熟悉的人，第一个支持你的是普通朋友，第一个反对你的恰恰是挚爱亲朋。

就像反对小王的那位同事，后来我单独找他聊过，他内心是非常欣赏小王的。而且他还告诉我，他刚来公司的时候，小王作为主管给了他很多的帮助，所以他从来没有想过真的反对自己的主管，他认为及时指出小王方案中问题，是对小王工作最大的支持。

庆幸的是，小王及时领悟到了这一点，后来他们在工作中配合得非常默契。

曾经的我，也因为没有及时认识到这一点，在团队管理中走过了一些弯路。有几年，团队中都是我说了算，虽然那种感觉很爽，但是团队业绩也始终平平。

当我意识到这一点，开始包容团队中那些反对我的人，团队的业绩也开始有了好的转变。

所以，请珍惜那些反对你的人吧！

你认为有哪些人生道理越早明白越好

漫漫人生路，总会错几步。

而如果我们懂得了本该懂的道理，是不是就不会错过了那个爱的人；是不是就不会错失了本该属于自己的升职机会；是不是就不会在努力的时候选择了安定……

有天晚上，同学群里格外热闹，有同学发了张初中毕业照，让大家都情不自禁地回忆起刚毕业的时光。

有位男生说：“如果回到二十几岁，我一定不会因为吃不了苦而选择离开北京。”

说话的这位男同学，大学毕业后留在了北京，后来觉得工作辛苦、压力大，于是回到新疆伊犁当了一名老师。现已婚生子，老婆刚怀了二胎，他当老师的工资收入，也仅能够维持基本家用，年少那些游走四方的梦想，彻底变成幻想了。

他的感概引发了群里前所未有的大讨论，大家的话题聚焦在“哪些事情越早醒悟越好呢？”

我们都知道，决定人一生命运的是心态、习惯、细节和机遇，而人生的最佳选择时期就那么几个，有时候你错过了，就真的错过了。

随着年龄越来越大，事业、婚姻、生活态度等这一切都已经定型，就不再那么容易改变了。

身为80后的我，今年整整35岁了，出生在甘肃农村，10岁那年全家迁到了新疆，成为新疆生产建设兵团的一员，然后在戈壁滩上度过了我的青春，20岁的时候，我只身一人到了黑龙江，开始了4年的大学生涯，24岁那一年毕业，我又是独自一人南下深圳。而今，我拥有了稳定的工作和幸福的家庭。

在去年做年底总结的时候，我也一并反思了自己过去那些年走过的路，发现有些道理，如果我早点知道，或许我的人生要比如今的更加精彩。

我把自己这些年的体会，总结为四个道理分享出来，包括我自己的一些做法，和大家共勉。

爱钱并不可耻

鲁迅在《坟·娜拉走后怎样》中说过这样一句话：“自由不是钱所能买到的，但能够为钱而卖掉。”可见钱对于我们来说有多么重要。

遗憾的是，年轻的时候，大部分的人却更喜欢谈梦想和自由，反而觉得谈钱太俗，甚至有些可耻。

我也不例外，或许是从小喜欢文学，我虽然一直缺钱，但却对赚钱始终提不起兴趣。

我举个例子大家就能感受到了。

大学的时候，很多厉害的同学都在想办法做生意赚钱，甚至兼职好几份，而我，只是兼职做家教，最疯狂的举动也只是同时兼职了四份家教，赚够了毕业找工作要花的钱，仅此而已。

钱不仅是我们生存的保障，某种程度上也代表着我们的自信和尊严，而且喜欢钱的人会更愿意奋发图强，最大限度地调动自己的聪明才智。

查理·芒格在做律师的时候也是20多岁，因为赚的钱无法满足家庭的开支需求，他想要拥有比资深律师更多的收入，于是他开始寻求律师业务之外的投资。当他和沃伦·巴菲特相识的时候，两个人才会有那么多共同的话题，也为此创造了一段金融界的佳话。

虽说巴菲特和查理的交集不单单是因为查理爱钱，但如果查理不爱钱，没有赚钱的欲望，他们之间也不可能有那么多的共同话题。

当然了，面对激烈的社会竞争，为了钱不择手段，甚至无视法律法规的做法是不可取的。

《胡雪岩全传·平步青云》说过：“君子爱财，取之有道。”孔子也说过：

“富与贵，是人之所欲也，不以其道得之，不处也。”都是说，君子虽喜欢钱财，但是必须是正路来的。

有人说，金钱本身是一种社会符号，是可以衡量一个人的社会地位。因为只有当我们拥有了足够的力量之后，才可以实现自己并帮助他人，否则，一切都是空谈。

所以，从今天开始，大大方方地承认自己对金钱的渴望，开始自己人生的财富积累吧。

磨难并不可怕

有没有觉得，大部分时候，你还没有做好准备就被命运推着站在一个位置。比如你毕业就要找工作赚钱养活自己，比如你结婚了，就面临着生孩子……

而正是因为很多时候我们都还没有准备好，就被推到了生活的面前，所以难免会经受种种磨难，而面临磨难，是迎头而上还是消极应对，直接影响着一个人命运。

2004 年大学毕业后，我一个人从黑龙江坐火车到了深圳，住在二十几个人合租的农民房里，每天早上 8 点上班，一直要工作到 10 点，每个月的工资除去日常开支，全部攒起来给正在读书的妹妹们交学费。

虽然那时为了给妹妹攒学费我必须要有一份稳定的工作，但是我心里很清楚，我是绝不会满足于永远当一名普通文员的。我从来没有停止看书，每个周末都会去书城听一些讲座，一边努力做好手上的工作，一方面时刻在寻找更适合我的机会。一年后我选择加入了现在的公司，又有幸参与了公司的一个新项目，直到见证了公司的上市。

这一路走来，最大的感触是，我在面对现实给予的磨难时，内心依然有着强烈的成功欲望。

换句话说，我经历磨难时，时刻准备着要穿越磨难，凤凰涅槃，而没有陷入另外一种极端，那就是被残酷的现实消磨了最初的激情与锐气，满足于现状。

以前我们常说，在困境中要坚韧不屈，这当然没有任何问题，但另有一点是，在苦难之中，我们还要做好改变自己命运的准备，随时听从机遇的召唤。

选择到更适宜成长的城市去

记得有位自媒体大V在一篇文章中提到过，年轻人就应该去更有挑战的城市里生活和工作，因为二三线的城市，更像是温室，最能弱化一个人的能力，限制一个人的发展。

越是轻松的环境，在其平静的表面之下，其实隐藏着巨大的危机。

因为人很容易受到环境的影响，人的天性中本来就有喜爱安逸、享受舒适的惰性。许多少年时满怀壮志、朝气蓬勃的人，最后之所以一事无成，大部分都是因为在安逸的生活、工作环境中待久了，渐渐地失去了斗志，缺少走出去为事业拼搏的勇气。

前段时间回新疆休假，见了很多老同学，和其中一个要好的朋友聊天就能深切感受到环境对他的影响。他和我一样，也是20多岁大学毕业，不同的是他考上了当地的公务员，而我选择到深圳打拼。

目前他虽也是结婚生子，有房有车，但整个人毫无活力，有种混日子的感觉。我建议他培养业务爱好，或者继续进修，他说自己已经没有那个勇气了，懒得折腾。因为身边的人都是那样生活，他也没有觉得有什么不妥。

环境可以塑造一个人，也可以毁灭一个人。

当你对现在所处的环境不满意，与其不断地抱怨坏环境，不如主动选择适宜成长的环境，不断创造有利于自己的条件。

眼高手低要不得

前几天有个 1994 年出生的男孩面试项目经理的岗位，由于之前的一份工作只干了两个月，于是我特别问了下他离职的原因。

他说因为在团队中，他就是打杂的，每天就干点填写项目进度表、做会议纪要等琐碎的事情，没意思。我问他希望找一份什么样的工作呢？他说，要找一份有挑战性的工作。

再问他，具体什么样的工作他会认为有挑战性呢？他居然耸耸肩，告诉我得试了才知道。

带团队以来，这类面试者我见过很多，都有个通病，就是认为自己很牛，但是又不愿意脚踏实地付出，这是很多年轻人最容易犯的错误。

你没有经验不被人重视很正常，比别人工作时间长点，甚至干点打杂的话也在情理之中。这种时候需要暂时降低一下自己的事业野心，脚踏实地，做好一个普通人的普通事，这样才会更快地完成经验的累积，或许会发现许多意想不到的机会。

生活中那些好高骛远、不肯脚踏实地从小事做起的人，永远都无法完成自己的原始积累，结果只能是离目标越来越远。

九层之台，起于垒土；不集小流，无以成江河。我们无论做什么事情，都是由点点滴滴的经验、点点滴滴的努力汇集而成的。

如果事与愿违，请相信命运一定另有安排

01

电视剧《那年花开月正圆》，主要讲了女主周莹的经历，一个无父无母、行走江湖的小骗子，转眼变成了赫赫有名的吴家东院少奶奶。

起初她被养父卖入沈府，是为了骗几两银子，打算干段时间就乘机逃跑，谁知误打误撞治好了二少爷沈星移的伤，她故意向二少爷提出“要吃好喝好穿好还不用干活”的无理要求，目的是希望自己被赶出府，没想到二少爷居然准了，于是她就只能陪这位二少爷吃喝玩乐。

后来二少爷指名要周莹做通房丫鬟，周莹誓死不从，被暴打后躲在了吴聘少爷的轿子里逃回了吴家东院，后来又赶上了吴少爷命悬一线，吴家娶亲冲喜，新娘临时变卦，周莹主动钻到了迎亲的轿子里，从此她的命运就彻底发生了改变。

这些故事听起来，似乎都是电视剧为了情节的发展设定的，一切都是那么的巧合。

但仔细想一想，这样的故事在你和我的世界里也是经常上演，小到你起晚错过了公交却偶遇了开车的同事，于是搭了一次免费的顺风车，大到你不幸被列入了裁员的名单，却被另外一家更牛的公司委以重任。

每一次所谓的机缘巧合，于周莹而言，于你我而言，看起来都是事与愿违，而结局不一定都是坏的，很多时候反而比我们期望中的结局要好很多，正所谓如果事与愿违，请相信命运一定另有安排。

当然了，命运的安排我们是无法左右的，但我们可以决定在命运没有作出安排之前，如何度过眼下的每一分每一秒，也就是我们可以把控如何度过这个

等待的过程。

白岩松在《爱你现在的时光》中说过这样一句话："我从功利的角度告诉你，你越在乎过程，你越拥有一个完美的过程，你的结局越有可能不错。"可见我们正在经历的过程对于结局有多么的重要。

那么如何度过这个过程呢？泰戈尔的这句话告诉了我们答案："你今天受的苦，吃的亏，担的责，扛的罪，忍的痛，到最后都会变成光，照亮你的路。"

02

当我们很清楚自己想要什么，哪怕距离梦想很远，也唯有努力认真过好眼前的每一天，才有可能拉近和梦想的距离；如果怨天尤人，只能距离梦想越来越远，就真正是事与愿违了。

小刘的梦想是成为一名优秀的记者，中文系毕业后，面试被拒无数次，他最终选择了服从家人的安排，进了当地政府的宣传科做一名小文员。

其实工作也是和文字打交道，而且当地人对会写文章的人很看重，科长尤其喜欢他这个科班出身的专业人才，几乎重要的材料都安排他写。

原本他应该感恩遇到一个器重自己的领导，而小刘反而觉得领导水平太低，给他派的活都看不上眼，什么领导演讲稿，什么妇女工作会议总结……在他看来，这些都不值得他动笔。一来二往，领导就把活派给了另外一个人。

后来当地报社要从政府相关部门挑选一名文笔好的文员调入报社当记者，专门负责政府类新闻，他想要报名的时候才发现，自己没有几篇能拿得出手的文章，自然眼睁睁看着这样的机会落入他人之手。

就像李宫俊在《李宫俊的诗》中的说的一样："没有命中注定的结局，只有不够努力的过程。"

过程不努力，结局就真的注定了，而且肯定是让我们事与愿违的结局。

03

在我们成长的路上，追求事业也罢，追求爱情也好，难免遭遇困境和不解。当困难来临，不要自怨自艾，更不要怨天尤人，也不要只看在一时，而是选择乐观、奋斗，往往在过后某一时刻会突然觉得，这一切都是最好的安排。

唐嫣在电视剧《克拉恋人》中扮演的胖姑娘米美丽爱上了堪称“高富帅”通灵总裁萧亮，剧中的米美丽体重200多斤，虽然工作能力出众，但是也只是默默在幕后写方案的小职员，所有人都觉得她爱上高高在上的萧亮是痴心妄想，都劝她放弃，但她通过自己的努力，最终让萧亮爱上了自己。

最关键的一点就是她始终都没有放弃努力，努力让自己在工作上变得更加专业，努力靠近萧亮。当然也有人说后来萧亮爱上她，是因为她在一场车祸后整容变成美女了，但不可否认的是，如果没有米美丽始终坚持认真对待当下，提升自己各方面的能力，就算她变成了美女，萧亮也不会对她动心。

白落梅在《你是锦瑟，我为流年》中有这样一句话我很喜欢：“人生路途上，每个章节，每个片段，都至关重要。任何一个细节，有了微小的改变，都将重写所有的过程和结局。”

米美丽的结局是终于如愿以偿地让萧亮爱上了自己，周莹的结局是和善良的吴聘结为夫妻，并且从此走上了经商的道路，人生的格局有了大大的提升，而这些都是因为她们都坚持过好当下，既然那些所谓的事与愿违都是我们不想要的，但当事情已然发生，唯有过好当下，才有可能扭转结局。

04

“90后”作家李泓业在《我们为什么活着》一文中说过：“若是还不清楚自己想要什么，那么就先努力认真地过好眼前的每一天，对自己生命的精彩程度负起责任，不要枉费了这一生。”

其实，很多时候我们都还不清楚自己想要什么，唯有走到生命的那一个阶段，就喜欢那一段时光，完成那一阶段该完成的职责，顺生而行，不沉迷过去，不狂热地期待着未来。

因为上天不会无缘无故作出莫名其妙的决定，它让你放弃和等待，是为了给你最好的。

如果事与愿违，请相信这一切都是最好的安排！

做自己擅长的事情更容易成功

01

躺在床上刷手机，新浪微博上的两条热搜吸引了我。

一条是牧民靠捡羊粪月入上万，另外一条是打工仔回乡养小龙虾，自称年入 200 万。

说实话，这样的新闻几乎每天都有，什么大妈卖煎饼果子月入 3 万，还有去年的北大才子放弃高薪回家养猪月入 10 万，我都有点免疫了。

但在看网友留言的时候，发现一个很有趣的现象，很多网友都不约而同地在感慨，迪拜的瓶子还没有捡够机票钱，煎饼果子还没有学会做呢，又要骗我去捡羊粪，还没有开始学捡羊粪呢，又误导我要去养小龙虾。

虽说是调侃，但暴露出了一个问题，那就是当我们羡慕别人捡羊粪、养小龙虾月入上万时，其实自己并不擅长做这件事情，还得现学。

就说捡羊粪的牧民马生才，人家是当地土生土长的牧民，能想出将羊粪变成工艺品是由于他对羊粪非常熟悉，对于从来没有见过羊粪的人来说，别说做工艺品了，估计根本不会想到羊粪。

年入 200 万的养虾大王余晓东是回乡创业，他本来就是农村人，对于养小龙虾是不陌生的。

对于这类新闻事件本身，我不想做太多的评判。

我想说的是，无论别人一个月赚了多少钱，我们在羡慕的同时，要冷静地想一想：你擅长做那些事情吗？真有机会让你去从事那些工作，你能做好吗？

德国的钢铁大王奥古斯特・泰森曾说过："我之所以成功，不是因为我最努力，而是因为我只做自己最擅长的事情。"

的确，无论做任何工作，要达到一定的专业水平，都需要量的积累。

如果在你不擅长的领域，你在学习的同时别人也在积累，你们之间的差距就会越来越大，最终很有可能被迫出局。

相反的，如果你在自己熟悉和擅长的领域不深入，量变到质变，反而容易胜出。

02

其实，人生就是一个不断选择的过程，尤其在这个快速发展和极为开放开放包容的大环境下，我们每个人都可以选择做自己喜欢的事情。

当然你也可以选择做自己不擅长的事，但如果你想要成功，就应该做自己擅长的事情。

奥古斯特·泰森的故事就很好地证明了这一点。

他最初的梦想是成为一个文学家，于是他结交文学界的朋友，读书、写作，但 3 年过去了，他在文学上依然没有任何建树。

一些文学界朋友都建议他最好尝试另外一件擅长的事。

无奈之下，他只好试着经商。结果在经商过程中，他发现自己在经商和管理上非常有天赋。

同样的生意，他总是能比别人赚到更多的钱。尤其是在经济萧条，别人的生意都受到冲击时，他依然可以将生意做得更大，最后带领自己的公司成长为钢铁帝国。

对于写作和经商，奥古斯特·泰森同样都很努力，但由于写作仅仅是他的爱好但他并不擅长，而经商是他擅长的，因而产生的结果也完全不一样。

如果留意那些在自己的领域里有很高成就的人和企业，会发现他们都有一个共同的特征：所做的都是自己擅长的事情。

百度的李彦宏就曾在公开场合称，自己成功的秘诀就是坚持做自己喜欢并且擅长的事情。他从未离开自己擅长的领域。

百度在 2005 年上市后，就不断有人来劝他涉足网络游戏，因为那时网游在中国非常热，但他坚持拒绝，理由就是那不是百度所擅长的。

当然他也不是完全放弃了网游市场，而是继续发挥自己擅长的专业优势，为网游厂商提供了一个推广平台，就是后来的百度游戏频道。

企业发展如此，个人发展亦如此。任何时候，坚持在自己熟悉的领域深耕，成功的概率将会大于你的预料。

03

有调查显示，有25%的人正是因为找到自己最擅长的领域，才将自己的专长发挥得淋漓尽致，得以掌握自己的命运；而另外75%的人，不知道自己擅长什么，没有找到适合自己的职业和领域，所以终生一事无成。

为什么会出现这样的现象呢？

原来在经济学中是可以找到原理的，那就是“擅长”可以降低我们成功的成本，为我们带来更大的成功概率，主要从以下两个方面来考虑：

从机会成本角度来说，如果你作出一个选择，你就必须放弃其他的选择。

但是，每放弃一个选择，都会产生机会成本。如果你选择擅长的事情，放弃的机会成本是最小的，获得的利益就是最大的。

从效率原则角度来说，比如你擅长写作，不擅长销售产品，那你写作的效率肯定会高于你销售产品的效率。

因为做擅长的事情，你更得心应手，也不会浪费过多的努力和付出。

朋友小萌是一名小学老师，工作时间比较自由，所以她业余时间通过朋友圈卖面膜，生意一直很好。

前不久忽然决定要学习写作，因为她听说很多写文章厉害的人，都月入10万了。

“写文章多好呀，既轻松又高大上，比我卖面膜好多了。”我劝小萌不要盲目选择，毕竟我觉得她耐心细致，在朋友圈卖面膜口碑很好，但她写作基础太差，不一定能赚到那么多的钱。

但她一意孤行，报了培训班，然后就开始激情满满地写了起来，起初见她每周都有几篇文章发在朋友圈，再后来就没有下文了。

前几天问她，她说，觉得还是卖面膜好。

“发发面膜的图片就能有钱赚，写了几个月文章了，一分钱稿费都没有。”小萌还吐槽说，为了写文章，她中断了在朋友圈发面膜，好多客户都流失了。

其实小萌因为热衷于研究美容，了解很多皮肤保养方面的知识，她销售面膜，客户都非常信任她，因为那是她擅长的，所以一直做得很好。

04

有人说，判断一个人能否成功，主要是看他是不是能坚持做自己擅长的事情。

虽然说一个人想取得成功，涉及的因素有很多，有机遇、环境、心态、努力等，但做自己擅长的事情，可以大大提高我们成功的概率。

当然了，一个人擅长做的事情不会是一成不变的，随着自己阅历的增加和不断的学习，原来不擅长的领域或许就会变成擅长的领域了。

查理·芒格做投资就秉持着只投资自己擅长的领域这个原则，但他涉猎的领域其实是非常多的，这都得益于他的坚持学习，不断探索新的行业。

所以，当你面临选择的时候，记得问问自己：你要去做的事情是你擅长的吗？

固定型思维正在悄悄“谋杀”你

01

你如何思考一件事，决定了你能取得多高的成就。

有种现象很普遍，就是面对同一件事情，不同的两个人会作出截然不同的选择。

朋友李军和王汉就有过这样的经历。

大学毕业后，两人同时被招聘到一家上市公司做储备干部，具体工作是销售。工作第二年，恰好碰上一个区域负责人突然离职，公司要从储备干部中选派接班人。

王汉主动请缨前去负责，而李军选择了继续留在总部做销售。

我记得很清楚，当时王汉和李军的水平是相当的，但李军担心自己能力不够无法胜任，不敢尝试，错失了那次机会，而王汉相信自己可以通过学习具备那个能力，选择了抓住机会。

现在李军还在那家公司做销售，而王汉的企业已经拥有 100 多人的员工了。

看起来，李军是因为错过那次机会而导致了今天的局面，但其实，是他的固定型思维模式限制了他的发展，他认为自己当下的能力不行，却没有想到能力通过学习是可以提升的。

这也是为什么这么多年他始终都是一个普通销售人员的根本原因，因为他认为能力是固定的，所以就不会去总结学习方法，不屑于努力，自然也不会获得成长。

而王汉和他恰恰相反，他认为能力是可以通过学习培养的，是成长型的思维方式。

第一次知道“成长型思维”这个概念，是通过斯坦福大学心理学教授卡罗尔·德韦克的《终生成长》这本书。

书中说，与具有固定型思维的人相比，成长型思维的人会把更多的精力放在学习上，所以有助于人们提升能力和取得更高的成就。

有人说，你怎么思考一件事，决定你的人生轨迹。

而在生活中，你如何思考一件事，决定了你的职场发展格局。

02

生活中，做错事或者遇到困难是常有的事，拥有固定型思维的人，会因此而否定自己，觉得自己很傻，充满负能量，有的人甚至从此一蹶不振。

而成长型思维的人面对失败和挫折，首先想到的就是努力找到解决问题的方案，继而从中学习，不断提升能力。

通用公司 CEO 杰克·韦尔奇就是成长型思维模式的典型代表。

在 1986 年，通用电气收购了华尔街一家投资金融公司——基德尔皮博公司，不久，该公司曝出非法交易丑闻。

几年后同样的事情再次发生，公司证券交易人约瑟夫·杰特为提高个人收入，制造了涉案金额上亿美元的虚假交易。

通用公司 CEO 杰克·韦尔奇亲自打电话给公司 14 名高管，告诉他们这个坏消息的同时并进行了相应的道歉。

公司出了这种事情，杰克·韦尔奇没有沉浸在抱怨和悲痛中，而是积极地寻找解决办法，这就是成长型思维在职场中最直接的表现。

固定型思维的人，不太容易面对做错事的事实，更无法面对事实背后那个失败的自己，而拥有成长型思维的人，会把这些挫折和打击当成学习的机会，始终保持着提升自己的激情。

拥有成长型思维的人，不但不会被生活中的困难吓倒，反而会越挫越勇。

03

仔细观察你就会发现，在生活中，拥有成长型思维模式的人是一直在向前不断发展的，他们看待世界的眼光也不一样。

前几天一个在网络上认识的朋友告诉我她离职了，开了自己的烘焙工作室。知道这个消息后，我一点也不惊讶。在我看来，她本就是一个有着长远规划的人，她做任何选择我都可以理解。

她本职工作是一家新三板上市公司的总经理助理，前几年开始流行“斜杠青年”说法的时候，她就和我说，预感将来的职业发展会发生很大的变化，她要提前储备技能。

当同事们都去喝酒唱歌时，她在学习烘焙班，当同事为了加班费而选择放弃假期时，她的业余收入已经比工资还高了。

而今她开了自己的烘焙工作室，又开始学习插花。她说，将来要给自己烘焙的学员提供插花的培训。

这个朋友就是典型的成长型思维，所以她看待世界的眼光是动态的，能看到世界的发展和变化，不会只看到眼前的利益。

有句话我很喜欢，大意是说，用不同的眼光看世界，你会看见世界不同的一面，换一个角度看人生，你会看见人生美好的一面。而不同的眼光和角度，都取决于你以什么样的心态来看待这个世界，而背后支撑心态的，是你的思维方式。

在固定型思维方式的人眼里，当下的一切都会是固定不变的，包括自己的工作，而在成长型思维方式的人看来，自己的工作可能会调整，也可能会消失不见。

拥有成长型思维的人，会在变化到来时从容应对，而那些固定型思维的人，面对任何变化都会觉得很受伤。

04

生活中很多人都是固定型思维模式，我也不例外。

庆幸的是，这个思维模式是可以调整的，而且无数事实证明，很多成长型思维都是从固定型思维转变而来的。

那么，如何才能从固定型思维转变到成长型思维呢？

基于《终身成长》这本书中介绍的方法，结合我的经验，我认为有三个步骤：

第一步：接受你是固定型思维方式。

这一步是最难的，因为人都不愿意承认自己不好的一面。

以我自己为例，我一度认为，只要努力做好本职工作，就能升职加薪，所以职场 10 年，我都是这样做的。

事实是，你不主动要求，公司几乎不会主动给你加薪。

所以，当我意识到这一点，我首先承认自己是固定型思维方式的人，这样才会更愿意去调整自己的思维方式。

第二步：找到导致自己是固定型思维的原因。

任何一种认知都不会是忽然产生的，所以一定要找到问题的源头。

关于我不善于争取加薪这点，原来是因为从小妈妈就是这样教育我的，让我上班以后听老板的话，好好干活，不要和老板提要求。

但显然妈妈的观点已经不适应当代社会了。

当我找到原因，改变的动力会更足一些。

第三步：勇敢地改变。

蜕变是很困难的，尤其是拥有根深蒂固的固定型思维模式的人。

所以转变之初会很痛苦的，但一旦转变成功，将一生受益。

当然了，就算完成了转变，我们每个人身上依然会同时存在着固定型思维和成长型思维。

所以，我们要时刻提醒自己，多些成长型思维，少些固定型思维，才能取得更高的成就，坚持终身成长，也会拥有更加精彩的人生。

请不要把别人的善良当作理所应当

道德绑架后，善良也会变质

之前，“古天乐被粉丝求借100万”的新闻很火，引发了网友们的大热议。

据说古天乐在香港出席某活动，活动快将结束时，有一名女粉丝拿着写着“求恩”的字幅站在二楼，字幅上内容指其父亲患病，希望古天乐借100万给她。

她哭喊着如果古天乐不愿借她100万的话，自个儿绝对是不会回去的，干脆死了一了百了。

这次网友们很难得地都表示支持古天乐，大部分网友们也都表示了对该女孩子行为的不满，纷纷发表言论进行谴责。

在留言中，出现频次最高的就是“道德绑架”。

众所周知，出生在中国香港的古天乐一直致力于公益事业，但不愿宣扬。

他捐献的希望小学已经超过百所，被网友称为“只有太阳才能黑的男人”。

这件事情发生时，古天乐并不知情。

当记者解释情况后，他坦言很危险，还提到他们公司时不时都会收到类似个案，有时会担心，但又怕是骗案，会先了解清楚，如果属实的话会处理。

由此可见，古天乐真的很善良，也非常热心，或许这个粉丝之所以找他借“100万”，也是因为看上了他的善良。

但不能因为他经常做善事，粉丝就可以这样耍流氓要借钱？就算古天乐有再多的钱，也是人家辛辛苦苦挣来的。

但人有时候就是这么奇怪，你越是善良，这个世界上就会有一些人把你的善良当作理所应当，甚至不惜用道德绑架你。

但道德是发自内心的，不是被强迫的，被“绑架”后的道德，显然已经变质了。

还记得2008年5月汶川地震，捐了50万元的姚明和刘翔都引起了网友的不满，大家认为他们所捐数目和身份不符。

迫于舆论压力，最后刘翔又追加捐款100万元，姚明在美国向中国红十字会外币账户再次捐款21.4万美元。

我们无法知晓姚明和刘翔的心情，但想来被“绑架”后献出的爱心，应该已经变了味道。

其实，善良和金钱原本无法画上等号，帮你是情分，不帮是本分，但道德绑架让人们的善心太累了，也会变了质。

你习惯性善良，他们就会更加理所应当

有人说，人不可太善良，也别太大方，因为你总是那样，时间久了，你身边的人就会觉得，你所做的一切都是应该的。

事实的确如此。

还记得很早之前我看过一个这样的故事：

A每次自己有鸡蛋都分给B吃。

开始B很感谢，久而久之便习惯了。习惯久了，便成理所当然了。

于是，直到有一天，A将鸡蛋给了C，B就不爽了。

他或许忘记了这个鸡蛋本来就是A的，A想给谁都可以。

像A这样的就是典型的习惯性善良，这样的人在生活中往往对人都很热心，但却不见得能够受到同样善良的回报，还往往容易受伤害。

在电影《芳华》中，刘峰就是一个善良的人。

他会因为老乡吃不惯北方饺子，就为他煮一碗面条。他也会因为煮烂了的饺子没人吃，全部自己吃掉。

队里的猪跑了，他马上放下手里正在吃饭的碗，毫无怨言地去帮忙寻找。甚至就连队友结婚买不起沙发，他都会自己买材料，亲自为他打造了一对

沙发。

他是那么善良，以至于身边的人都觉得这是理所当然的。所以，当他因为喜欢林丁丁，没有控制住自己的感情抱了一下林丁丁，就被林丁丁诬陷，从而被下放连队，开始了他悲剧的后半生。

很多观众说，其实，在大家眼中，刘峰更像是一个不食人间烟火的神仙，大家也渐渐地将他的好当成了一种习惯，似乎他做的这一切都是应该的。

所以，他这辈子只能当一个好人，不应该有女朋友，更不应该结婚。

这或许就是善良的人最大的悲哀吧，因为你善良，所以你只能为别人活。

当然了，其实把别人的善良当作理所当然，这才是接受别人帮助的人的悲哀。不管怎么说，那些习惯性善良的人，他们所有的付出都容易被看作是理所应当的。

让我想起东野圭吾在书中说过这样一段话："即使是善良的人，也不能什么时候，向谁都显示出来善良。得到那个，就得不到这个。都是这样的事儿。要选择这个就要舍弃那个，如此反复，这就是人生。"

是啊，当我们始终展现出善良，太过迁就别人，别人就会变本加厉地为难你；太过忍让别人，人就会得寸进尺地伤害你。

因为在我们的生活中总有那么一些人，认为帮他是理所当然，不帮他就是自私自利。

所以，永远不要让自己的善良伤害到自己，也永远不要把自己放到圣人的位置上，不然别人会以圣人的标准来要求你。

面对道德绑架，学会适当的拒绝很重要

没有人说过，为了善良就可以不管是非，面对道德绑架，我们要学会拒绝。

杭州的黄女士就给我们做了一个表率。

某一天，她开车撞到了一个开电动三轮车的男孩。

发生碰撞后，宝马车左前车灯外壳破碎，车灯部位是整套的，全要更换，

黄女士咨询4S店，对方报价13000多元。

由于开三轮车的小伙子只有15岁，他哥哥王某18岁，是圆通快递员，经济条件都不好，黄女士就作了让步，协商后决定去修理厂维修，要花费4000元，兄弟俩当时同意赔偿。

结果，当黄女士自费把车灯修好，约定赔偿的日期到了，小伙子又变卦不肯赔了。

而且，还对黄女士说，你这么有钱，你也不差这点钱，为什么一定要让我赔，而且说上次撞了保时捷都没有赔这么多，你为什么让我赔这么多。

黄女士并没有因为男孩子“哭穷”而就此放过他，她说，我也可以不要求他赔偿，但是犯了错误后，以“我穷、我生活不容易，就不应该问我要赔偿”当借口，这让我很气愤。

她通过法律途径，媒体曝光，让更多的人知道，不能道德绑架。

的确，我们承认有些时候弱者的确需要同情，但这不是他们可以道德绑架别人的理由。

就比如这个撞坏了黄女士宝马车的15岁的小男生，13000元的维修费对他来说的确很多，所以黄女士选择了去修车行修车，只花了4000元钱，这已经是她的善良表现了，而那个男生不应该因为黄女士有钱就以此为由不赔偿。

当我们遇到道德绑架，要像黄女士一样懂得区分并且学会适当的拒绝。

善良是自己的选择

我一直觉得，善良是自己的事，你帮了人，自己心安，在道德上其实并没有比别人高出多少。

所以我很不喜欢道德绑架式的善良，比如逼着你帮忙转发朋友圈，说什么不转就是麻木，强迫你捐款，不捐就是没良心、没道德。

对于这种喜欢道德绑架的人，我都是躲得远远的。

那些喜欢道德绑架的人，其实内心对自己也是不尊重和不珍惜的。

但无论有没有人感激过你的善良，你依然要选择做一个内心善良的人。

因为选择做什么样的人，是为了自己，不是因为别人。

特蕾莎修女创办“弃婴之家”和“麻风病之家”为无数的人带来了新的光明。被誉为“最美的女神”，荣获了诺贝尔和平奖，也获得了印度政府颁发的全国最高荣誉奖，但她的那份善良且温柔的心，是独属于特蕾莎修女自己的。

无论生活给了你多少的磨难，抑或你在人生成长的道路上，见惯了太多的“人走茶凉”，都请一定要善良。

最重要的是，要学会自由切换和选择，千万不要让你的善良，被别人当作理所应当。

仪式感，是生活的一剂良药

生活是需要一些仪式感的，这不是矫情，而是我们对生活的热爱，对幸福的敏感，也会让我们更用心地对待生活里看似无趣的事情。

01

罗振宇在 2018 年的跨年演讲中说了这样一句话，深深地触动了我。

他说，我心里明白得很，你们来这里，哪里是听什么跨年演讲，你们是以一种特别的方式来度过自己的 2017，给自己的人生树立一个和周边其他人不太一样的界碑。

隔着手机屏幕，我听到了现场的笑声，我也笑了，因为他说的是实话。

而罗振宇提到的“特别的方式”，在我看来就是生活中的仪式感。

《小王子》中的狐狸认为仪式感就是使某一天与其他日子不同，使某一时刻与其他时刻不同。

罗振宇的那句话和小狐狸的说法如出一辙。

随着时间的流逝，我们的生活进入了“死水微澜”的状态，婚姻不痛不痒，工作千篇一律，家务活永远干不完……而肩上的责任却越来越重，生活的压力越来越大，于是有人选择了将就，屈服于生活。

仪式感就如一剂春药，会给我们原本波澜不惊的生活注入新的力量和活力。

比如，被赋予了仪式感的跨年，就会让原本极为普通的一个日期变得更有意义，也更有幸福感。

我的朋友陈女士一家，全家每年的 12 月 31 日，都在杭州大剧院跨年，这是他们全家的仪式感。

其实，仪式感就是放大了平时被忽略的那些感动，将平日里的麻木化为了心灵的触动。

仪式感对我们每个人都很重要，能够让我们继续坚持枯燥的生活，熬过苦难，能够在遇到变故、彷徨无助的时候，给予我们强大的希望。

仪式感，就是生活给我们的一剂良药，让我们在为生活奔波时，依然保留一个诗意的、浪漫的远方。

02

有人说，当我们完成一种仪式，很容易就会从一种情绪转化成另外一种情绪，我深以为然。

因为就算是一件极平常的小事，带着仪式感去做，也能够对抗生活中的消极因素。

小梅最心爱的小狗死了，抱着死去的小狗，她号啕大哭。

她儿子也哭了，钻到她的怀里说："妈妈，让我们替这只可爱的小狗，举办一个葬礼吧。"

8 岁儿子的一句话，让她找到了宣泄悲伤的出口。

她找到一个漂亮的盒子，把小狗装进去，又开车找到一片空地，挖了一个坑，把小狗埋掉，立上了一个碑，还买了一束自己最喜欢的百合花，放在小狗的墓碑前。

"当我做完这一切，悲伤的心情忽然就不见了。"小梅说，她很感激儿子的这个提议，让她尽早从小狗离开的悲伤中走了出来。

村上春树说，仪式是一件很重要的事情。而我也愈发觉得，对于处于悲伤情绪中的人来说，仪式感是一个非常好的情绪转化的方式。

三毛曾经对一个自卑痛苦的女孩说，别去管自己有多么悲伤，你立即买束喜欢的鲜花搁在书桌上，然后，给你的台灯换一个漂亮的灯罩、铺上粉粉的床单……做完这些，你就会发现心情好多了。

的确如此，当我们沉浸在一个又一个简单的仪式时，无形之中就将生活变有趣了，这会悄无声息地化解掉漫长人生里的纷繁和苦涩。

03

一个简单的仪式，就可以拯救生活中的鸡零狗碎，让我们找到最初的美好，更重要的是，重视仪式感，会让我们把每件事都做成值得回味的“纪念版”。

我朋友晓晓，她简直就是一个仪式控，对仪式感的热爱，到了痴迷的地步。她也是朋友中幸福感最强的一个人。

她说，一个人也要慢慢地品咖啡，遇到节日一定要好好地庆祝，这些仪式很美好，会让她感觉到生活充满了期待，再大的悲伤也会被立刻消化掉。

最重要的是，她认为自己对于生活的付出，值得庄重地对待自己。

第一次领到工资，她奖励自己到一家心仪已久的意大利餐厅吃了顿晚餐。

她模仿奥黛丽·赫本的经典影片《蒂凡尼的早餐》里的霍莉，穿上了仅有的一件黑色小礼服，带上了最值钱的首饰，化了淡妆，然后选择了一个靠窗的位置，开始了一个人的盛宴。

慢慢品尝着开胃头盘、牛排、沙拉、甜品……最后，点了一杯最喜欢的咖啡，窝在温暖的沙发里，随着舒缓的音乐放空了自己的思想。

这些年，生活中的每次变化，她都会庆祝，有时是和闺密逛街，有时在家里为自己做饭，具体做什么其实不是最重要的，重要的是这种带着庆祝的心情独一无二。

而仔细观察就不难发现，身边那些做事有仪式感的人，总是比不重视仪式感的人活得更有兴头，做事更有激情。

其实，每个人的人生都是不可控的，把一些事情赋予了仪式感，就可以为自己点亮一盏灯，让我们由内而外地散发能量和底气。

当然了，仪式感也不能确保让我们的生活每天都充满快乐，但就是因为这种仪式感，我们在内心深处才能感受到温暖向上的力量，并以此作为人生路上的一个又一个里程碑。

也唯有此，我们做的每件事，过的每一天都会更加精致和有意义。

04

于丹认为，与古人相比，今天中国人的生活方式似乎少了一些情趣，生活节奏越来越快，生命中越来越缺乏仪式感。没有仪式感，人生就不庄严，心就不安静。

的确如此。

古人“沐浴焚香，抚琴赏菊”，就连我们小时候的春节，也是充满仪式感的，备年货、放炮、穿新衣、拜年……

这些仪式感背后其实隐藏着我们对生活深深的热爱，也正是这些仪式感，让我们的生活变得更活色生香。

所以，无论生活多么喧嚣和杂乱，都请慢下脚步，给它加入一点仪式感，这会让我们苍白的生活光华熠熠。

什么才是对父母最好的孝顺？这是我听过最好的答案

01

我给妹妹买了点营养品，准备带到公司快递出去。

妈妈看见了，说："你那么忙，我帮你去快递吧。"

"这个忙你帮不了，因为快递公司要求在公众号里面填写邮寄信息。"我顺嘴说。

"这样啊……"然后，妈妈半天没有再说话。

我回头看了眼妈妈，刚才还笑眯眯的，忽然表情有些僵硬，写满了失落。

我瞬间就意识到自己说错话了，我用一些她听不懂的词语拒绝她。她听后会认为自己真没用，连这点忙都帮不上孩子。

不知道从哪一天开始，逐渐年老的父母，开始面对一个扎心的事实：他们越来越没用了。

我们工作上的事情，他们听不懂，自然也给不了建议；妈妈做的菜，被我们嫌弃热量太高、太油腻……甚至，他们还常常帮倒忙，给孩子添乱。

前几天深圳降温，我有一件大衣找不到了，翻箱倒柜了好几天都没有找到。

无意中问起妈妈，她说帮我收起来了。

"大衣不能那么放的，直接挂衣柜就可以了。"当我看见大衣叠得整整齐齐，压在很多衣服下面时，我气坏了。

大衣前段时间干洗过了，准备天变冷了直接穿，妈妈居然给我叠起来了，变得皱巴巴的。

"和你说过，我的衣服你不用帮忙收拾……"一气之下，我没有控制住自己的情绪，抱怨了一大堆。

起初妈妈还和我解释，随着我不停地抱怨，她解释的声音越来越少，最后不说话了。

当我以胜利者的心态看她时，我注意到妈妈手足无措的样子，像极了小时候做错事情的我，有些懊悔，更多的是惶恐，我的心紧了一下。

有人说，孩子长大的过程，其实是父母“作用”逐步减弱的过程，从嗷嗷待哺的婴儿，到逐渐成长到能自我照顾，再到后来的经济独立。我们强大了，父母的作用也衰退了。

我们常说，父母是一把伞，为我们遮挡风雨，事实上，成年以后，我们早已在心中与父母调换了位置，我们化身伞，想要为父母遮风挡雨。

我们却忽略了，无论我们长多大，即使皱纹爬满额头，在父母的眼中，我们永远是他们的孩子，他们永远担心我们吃不好、被坏人骗……他们时刻准备着，为了保护我们挺身而出。

但我们是怎么做的呢？

打断他们的劝告，忽视他们的建议，违背他们的意愿，甚至拒绝他们的关心。这有意无意地告诉他们，你们已经没用了。

听起来是不是很残忍？但你和我，几乎每天都在做。

02

想想平日里，但凡我们有事情需要爸妈帮忙，无论大小，他们都会很积极，也会格外负责，很少有推辞，这是为什么呢？

那些带孙子的老人，很享受照顾孙子，陪孙子玩，这又是为什么呢？

其实，这一切都是因为老人觉得自己还能发挥作用，没有成为孩子的负担和累赘，心里自然会很开心。

之前在网络上看过一个故事，说一个公司的老总，经常用轮椅推着腿脚不便的母亲去菜市场买菜，还让老太太替他砍价，买好菜之后，听着老太太的唠叨回家。

而他的资产，其实可以把整个菜市场买下。

为什么他还为老太太砍下那一两元钱而高兴呢？

因为他想让腿脚不好的妈妈觉得自己“有用”，儿子还需要她。

这个故事让我想起了小时候的邻居李叔叔，他和当时已经70多岁的母亲生活在一起。

他有个我很讨厌的习惯，就是每年冬天，他中午都要赶回家，让他妈妈给他煮饺子吃。

更让人不解的是，他还经常带单位的同事一起来家里吃饺子。

新疆的冬天温度都是零下，包好了饺子，直接放在院子里就会冷冻，吃的时候拿进去直接煮，大自然就是我们的天然冰箱。

所以每年一入冬，李叔叔的母亲就开始包饺子，几乎天天都能看见她把饺子送到院子里的身影。

“太不孝顺了，奶奶那么大年纪了还要给他做饭。”每次看见李叔叔，我都偷偷向妈妈吐槽。

因为这个原因，我和妹妹们都不爱搭理李叔叔。

有天，碰巧听见李叔叔和他同事的一段对话。

同事说：“你老妈年纪这么大了，就别折腾她了，你在单位食堂吃点不就行了？”

“她好强，这几年身体不行了，唯一可以帮我的就是包饺子了。”李叔叔点了一根烟，眼睛望向了远处。

当时我自然是听不懂李叔叔话里的含义的，但直觉告诉我，李叔叔并不像我理解的那样不孝顺。

后来，老人家瘫痪了，记忆中李叔叔还会将擀好的饺子皮和馅端到妈妈面前，让她给他包饺子。

今天回忆起来，其实李叔叔才是真的孝顺。

正所谓“百孝不如一顺，百顺不如一用。”让父母永远感到自己有用，还能给孩子帮忙，而不是一个让人操心的累赘，这才是让他们晚年快乐的支柱。

03

老年人时常会有孤独感和隔离感，表现在日常生活中就是觉得自己没有价值，进而产生深深的失落。

在医学上，针对老人有专业的心理护理，但专家依然认为，家庭的和睦是老年人身心健康的基础。

记得有个电视剧里有这样的情节，儿子大学毕业在城里买了房，娶了媳妇，媳妇生了孩子，老人坐火车给儿子媳妇送来了一大筐土鸡蛋，说可以帮媳妇补身体。

做儿子的，一方面抱怨老人何必这么辛苦，土鸡蛋城里也能买到，一面强调媳妇只吃某某牌子的土鸡蛋，硬是让老人把鸡蛋带回去，说是让他们自己补补身体……老人失落而归。

其实，那一刻，儿子拒绝的不仅仅是一筐土鸡蛋，而是断绝了老人想为儿子做点什么的权利。让老人伤心失望的是，他不再被儿子需要。

家在农村的父母，大老远给城里的孩子送几十斤腊肠，或者是亲手做的煎饼，不少儿女都劝诫父母不要再折腾自己，说这些东西超市、菜场都能买得到的。

于是，我们将父母“赶”出厨房，自己做饭给他们吃。这样做的结果是，让父母觉得自己或许没有用了。

据官方调查，多数老年人都渴望在有生之年能够再为社会多做一些工作，而大部分老人，能做的就是带孙子、帮子女分担家务等。这会对他们的身心健康有所帮助。

我们也为人父母，由己推人，在没有老到完全不能动之前，每个人都希望再为孩子尽一份薄力，而不是成为一个混吃等死的老人。

我妈常说：“现在我还能帮你做饭、带孩子，等老了，最怕自己没啥用，成为你的负担了。”

这话听起来多少有些心酸，却是一个扎心的事实。

很多老人家不愿意和儿女住在一起，就是觉得自己帮不上忙，始终是客人，感觉不自在。

所以，从今天起，尝试着给爸妈一些机会，哪怕做的只是微不足道的小事，哪怕他们会添乱。

因为真正的孝顺，就是让爸妈觉得他们依然被我们需要，依然有用，他们对你、对你的家，很重要。

04

身为儿女，怎么做才能让父母觉得自己还有用呢？

首先，接受父母对我们的照顾和帮助。

每年春节回家，父母最开心的就是做一大桌子菜，然后看着我们吃完，那一刻，父母会觉得孩子还在身边，没有离开，也会为自己还能给孩子做他爱吃的饭而骄傲。

朋友小刘说，每次回家，他都要装得像小时一样大口吃饭，哪怕早就没了从前的胃口，因为他知道那是母亲唯一可以在儿子面前自豪的东西。

小刘有次无意中说老家的红薯好吃，结果，他时不时就会收到父母托人带来的几麻袋红薯。小刘的父母非但不觉得麻烦，还很享受。

所以，接受父母对我们的帮助和照顾，适当地向父母寻求帮助是对父母最好的孝顺。

其次，教会父母使用流行的科技产品。

现在的社会发展很快，几乎每天都有新鲜事物出现，尤其是科技类的产品。如果能及时教会父母使用流行的科技产品，会让他们觉得自己紧跟着时代的潮流，并没有被这瞬息万变的时代淘汰。

很多人都担心父母学不会，其实大多数父母，虽然年纪大了却并不算老，他们有基本的学习能力，也有分享社会发展和时代进步的渴望。我们不要低估父母的学习能力。

以我父母为例，他们之前用功能手机，只会接电话，后来我们给他们买了智能手机，起初我还担心父母学不会，结果，我演示了几遍，他们就学会了。我们建立了家庭微信群，大家有照片就会发到群里，父母也能在第一时间看见。

其实，有时候我们只需要多一点点耐心，就能很大程度上让他们感受到我们的孝心。

最后，让父母有尊严的老去。

尊严这个词我们经常提，但我们都是在努力维护自己的尊严，其实，父母的尊严更需要维护，尤其是在我们面前。

你留心就会发现，现在很多老人和孩子说话都很小心。其实，当父母小心和你说话时，他们就已经没了尊严。

任何时候，父母都是长者，我们要尊重他们，不要对他们出言不逊、指手画脚，更不能给脸色。

爱父母，就让他们尊严地享受快乐的老年时光，希望我们的父母都健康长寿，开心快乐。

取悦自己，是终身浪漫的开始

01

《芳华》是唯一一部我经常回看的电影。

每次看完，何小萍在屋外草坪上翩翩起舞的那个情节，就在我的脑海中挥之不去。

随着她不断旋转，逐渐面露微笑，我泪如雨下。可以说，那段独舞的戏，是整个影片最为光辉和有力的一个片段。

黑漆漆的夜晚，没有绚丽的舞台，没有漂亮的演出服，没有一个观众，也没有任何掌声，但却是整部影片中何小萍跳得最棒的一次。

因为，她为自己而跳，只取悦当下的自己。那一刻仿佛有一股力量注入了她的身体，让她的生命再一次得到苏醒，浑身散发着满足。那一刻的她，好美。

还记得她被刘峰接到文工团的第一天，为了取悦看重她的舞蹈教官，她不顾坐了几天几夜的火车，身体还没有活动开，就表演了“翻跟斗”这样高难的动作。

当她不小心摔倒后，她下意识说的那句话，让我的心揪了一下，她说：“我不疼……”

其实她不是不疼，而是为了取悦那些初次见面的文工团的团友们，她只能委屈自己。

冯唐曾说过：“敢于做自己，敢于表达自己，敢于取悦自己，才能在这纷乱的世界中站稳自己的位置，活出自己的格局。”

的确如此，唯有懂得取悦自己，才能记得初心。知道自己要去往哪里，看待世界的格局自然也不同。

遗憾的是，现实生活中，又有多少人能够做到不畏惧周围人的眼光而独独取悦自己呢？

何小萍做到了这一点。经历了无数个夜晚的暗自落泪直到最后精神崩溃，当生活已经不能再糟糕时，她顿悟了。

我们呢？

02

有人说，只懂得取悦自己是自私的表现，我不这么认为。

学会取悦自己，其实是更好地接纳自己，包括对自己不足的接纳、对失败挫折的包容。

从记事起，我就是一个被大家嫌弃的小胖子，但我也始终都是小圈子里的佼佼者。

无论是读书还是工作，我都很拼命，我心里很清楚，很多的努力只是为了让家人、同事、朋友觉得我很厉害而已。

还记得初三的一次模拟考试，我发挥得不好，开家长会之前，我紧张得躲在被窝里大哭，同学们都被吓坏了。

他们不能理解的是，我已经是优等生了，只是这次考得差一点，至于那么伤心吗？

其实我哪里是伤心，我是害怕，害怕父母失望的眼神。

多年后，再回想当初的自己，那时的我，就和初入文工团的何小萍一样，满心都是如何取悦身边的人，却独独忽略了那个弱小的自我。

进入职场后，我依然很在乎身边人的眼光，唯恐别人看不起我。

直到读了一些心理学的书，学着自我疗愈，我才明白，很多所谓别人眼中的自信和优秀，只不过是让自卑蒙上了一层漂亮的面纱。

因为真正足够自信的人，并不是那些处处显示出力量的人，如果一个人需要拿着刀走路，他的胆子肯定大不到哪里去。

一个学不会取悦自己的人，将会永远留在自卑的阴影中，自然也谈不上真的长大。

当我开始试着取悦自己，即使自己身材不够好，仍能欣赏自己的可爱之处。也不会再因为身边某人一句否定的话就惴惴不安，更不会因为某一个失误就否定自己，我清晰地知道自己要去往哪里，然后安静而笃定地往前走。

取悦自己，让我的每一天都充满了期待。

03

当我们做任何事情不是为了取悦别人，而是为了取悦自己时，会变得更加轻松与自信，做事情也更容易坚持。

这也是为什么大多数人很容易就会把一个爱好坚持一辈子的原因，因为爱好往往都是让自己快乐的事情。

就像《芳华》的作者严歌苓，她热爱写作，甚至说过“如果没激情就会退休”这样的话。

她是国内少数多产的作家，这和她对写作的热爱是分不开的。

当我们学会用自己的方式取悦自己，我们就会做自己，更重要的是，我们会努力成为更好的自己。

《芳华》的最后，旁白说，生活极为普通的何小萍反而被其他人歆羡，她勇敢地向林峰表白，然后选择陪伴生病的林峰走过人生的最后一段时光。

人们羡慕她有勇气取悦自己，按照自己的心选择生活。

04

宋丹丹是很多人都喜欢的演员，对于取悦自己，她也有着很深刻的感受。她曾说过：“过去我总是不遗余力地想使自己符合男人的标准，‘我够好吧？’成为口头禅，但常常感到被轻视。现在我会说：‘这就是我！’却得到前所未有的尊重。”

正所谓“悦人者众，悦己者王”，一个人不能同时取悦所有人，唯有取悦自己，别人才会取悦你。